귄터 벨치히(Günter Beltzig)

귄터 벨치히는 1941년 독일에서 태어났으며 산업 디자이너를 거쳐 놀이터 디자이너로 활동하고 있습니다. 젊은 시절에는 합성 소재를 이용한 가구를 디자인했고 그 작품들은 고전이 되어 뉴욕 현대미술관(MOMA)과 유럽의 여러 박물관에 전시되어 있습니다. 독일 전자기업 지멘스에서 5년 동안 전자기기 디자이너로 일한 뒤 어린이를 위한 놀이 기구, 놀이터, 야외 놀이 공간을 설계하기로 결심합니다.

그의 예술적 취향은 매우 까다롭지만 순수한 미학자라기보다는 오히려 사회학자이자 발명가이며, 문제를 인식하면 자신의 설계로 새로운 길을 개척하려 애쓰는 실천적 탐구자입니다. 그는 여러 작업을 통해 변두리의 아이들이나 장애인에게 적합한 놀이 가능성을 만들고, 놀이를 통해 아이들 스스로 자기 확인의 기회를 마련해주고자 노력했습니다.

놀이터 디자인에 대해 쓴 그의 저서 『Das Spielplatzbuch』는 여러 나라 말로 옮겨졌습니다. 그 밖에 장애 어린이에게 적합한 놀이와 어린이 미학에 관한 글을 여러 매체에 발표했고, 독일 놀이 기구 규격을 제정하는 일에도 참여했습니다. 그의 놀이터는 뮌헨의 독일박물관에 있는 어린이왕국의 물놀이 프로젝트, 오스트리아 빈의 쇤브룬궁전 놀이 공원의 미로찾기 놀이 시설, 1992년 독일 포르츠하임에서 열린 정원박람회장의 놀이 기구 없는 놀이터, 다임하우젠의 야외 놀이공원 등이 있습니다.

편해문

어린이 욕구에 적합한 놀이터 환경 만들기 모더레이터
놀이터 디자이너
놀이운동가

순천시 기적의놀이터 총괄 디자이너
서울시 창의 어린이 놀이터 디자인 심의 및 자문위원
경기도 어린이상상놀이터 협의회 위원
유니세프 서울어린이공원 '맘껏 놀이터'(가칭) 모더레이터
부산대학교 신축 직장어린이집 놀이터 모더레이터
일본 모험놀이터만들기협회 회원

13년 전 안동으로 귀촌해 동네 아이들과 '적정 놀이터'를 앞마당에 만들어 놓고 있다. 1998년 창작과비평사 「좋은 어린이 책」 대상을 받았고, 세계적 놀이터 디자이너 귄터 벨치히의 『놀이터 생각』과 세계적 놀이터 이론가 수전 G. 솔로몬의 『놀이의 과학』 두 권의 책을 국내에 소개했다. 『아이들은 놀이가 밥이다』, 『놀이터, 위험해야 안전하다』, 『귄터가 꿈꾸는 놀이터 드로잉』(공저), 『우리 이렇게 놀아요』(공저) 외 여러 책을 썼다.

귄터가 꿈꾸는 놀이터 드로잉

그림 귄터 벨치히 / 글 편해문

권터가 꿈꾸는 놀이터 드로잉

초판 발행일 2016년 5월 26일

글쓴이 | 편해문   **그린이** | 권터 벨치히   **펴낸이** | 유재현   **마케팅** | 유현조
디자인 | 박정미   **인쇄·제본** | 영신사   **종이** | 한서지업사

펴낸곳 | 소나무   **등록** | 1987년 12월 12일 제2013-000063호
주소 | 10540 경기도 고양시 덕양구 대덕로 86번길 85(현천동 121-6)
전화 | 02-375-5784   **팩스** | 02-375-5789
전자우편 | sonamoopub@empas.com   **전자집** | blog.naver.com/sonamoopub1
ⓒ 권터 벨치히, 편해문, 2016

책값 30,000원
ISBN 978-89-7139-830-2 03610

※ 무단 복제와 전재는 안 됩니다.

이 도서의 국립중앙도서관 출판예정도서목록(CIP)은 서지정보유통지원시스템 홈페이지(http://seoji.nl.go.kr)와 국가자료공동목록시스템(http://www.nl.go.kr/kolisnet)에서 이용하실 수 있습니다.(CIP제어번호: CIP2016011833)

귄터가 꿈꾸는
놀이터 드로잉

그림 귄터 벨치히 / 글 편해문

소나무

CONTENTS

들어가는 말 : 아이들이 놀고 싶은 놀이터 6

1. 어린이집·유치원과 학교 놀이터 11

2. 1993-2015 귄터의 놀이터 둘러보기 75

1) 놀이터 소품 75
2) 공원 놀이터 81
3) 놀이성(城) 90
4) 그물 92
5) 놀이뗏목과 놀이배, 놀이비행기, 새 94
6) 실험놀이 또는 기술놀이 113
7) 복합놀이터 129
8) 코끼리가족 134
9) 복합 놀이기구 놀이터 142
10) 미로 180
11) 티볼리공원 188
12) 뮌헨박물관 어린이왕국 내 '물의 나라' 놀이터 198
13) 실내 놀이터 225
14) 놀이터 드로잉과 실제 놀이터의 거리 227
15) 반려견 놀이터 230
16) 최근 놀이터 232

3. 놀이터 종합 계획 ········ 235

- 영국 안위크 가든 놀이터(2004) -

맺는말 : 한 사람을 통해 세상의 놀이터에 입문하다 ········ 262

들어가는 말

아이들이 놀고 싶은 놀이터

이리 할머니

　놀이터 디자이너 귄터 벨치히는 1941년 독일 서부 노르트라인베스트팔렌의 부퍼탈에서 태어났다. 어린 시절 세계대전을 겪으며 폭격기의 공습에 도시가 파괴되는 모습을 가까이서 보았고 배고픔도 아프게 겪었다. 지금도 그때 이야기를 하면 경직될 정도로 귄터에게 전쟁의 상흔은 뿌리 깊다. 귄터는 어린 시절 요즘으로 치면 장애를 가진 소년이었다. 당시에는 교정의 대상인 왼손잡이였고, 읽기와 쓰기에 어려움을 겪었고, 지나치게 생기가 넘치는 학생이었다.

　학교에서 성적은 좋지 않았다. 결국, 학교를 중퇴한 뒤 1959년부터 1962년까지 기술을 배웠다. 1962년 부퍼탈공업학교에 들어가 1966년 산업디자이너 자격을 취득했다. 졸업하고 벨치히 3형제는 회사를 열었다. 갓 나온 신생 소재인 플라스틱을 소재로 가구를 디자인하고 생산했다. 그러나 사업이 되지는 못했다. 다만, 1968년 미국 뉴욕현대미술관(MoMa)이 귄터가 만든 의자의 뛰어난 조형미를 알아봐 그가 만든 작품('Floris')을 전시하는 등 밖으로는 알려졌으나 1976년에 결국 회사는 문을 닫는다.

　비슷한 시기에 귄터는 뮌헨에 있는 지멘스의 디자이너로 들어가 1970년까지 일했다. 지멘스는 당시 독일에서 가장 크고 실력 있는 디자인 부서를 운영하는 회사로 꼽히던 곳이었다. 짧은 순간 좋았지만 얼마 지나지 않아 날마다 똑같은 일을 되풀이 하는 자신의 모습에 좌절한다. 당시 업무는 새롭게 기계나 제품을 설계하는 것이 아니라 이미 출시된 제품의 디자인을 조금씩 바꾸는 일이었는데 이 제품들은 페이스리프팅(facelifting) 과정 다시 말해 '성형'을 거쳐 다음 해에 신제품인 것처럼 출시되었다.

　1968년에 일어난 대학생 혁명과 프라하의 봄, 우주선 달 착륙은 동시대 사람들의 마음을 움직였고 귄터에게도 영향을 주었다. 세계가 지금보다 더 평화롭고 행복을 보장하는 미래가 오는 듯한 느낌이었다. 거기에 어떻게 힘을 보탤 수 있을까 고민했다. 가전제품 디자인을 예쁘게 바꾸는 일이 아니라 세상을 바꾸는 일을 하고 싶다는 열망이 꿈틀거렸다. 그 사이 울름조형대학 출신 디자이너 이리 보른하우젠(Iri Bornhausen)을 만나 결혼하고 아이도 낳았다.

Dream playgrounds for the Children

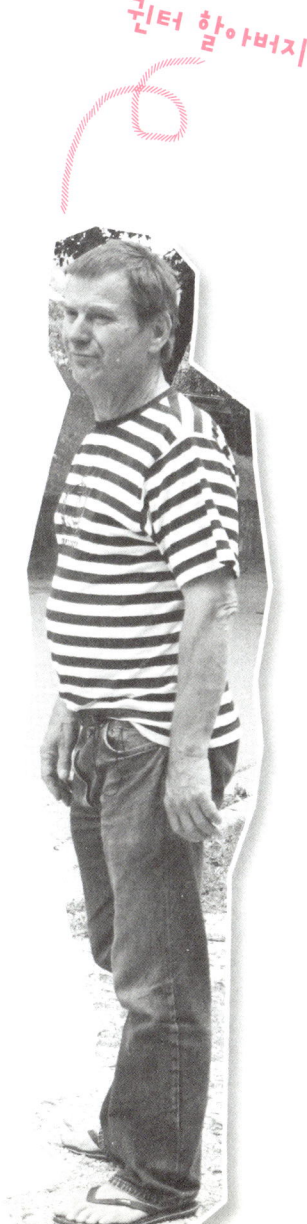

귄터 할아버지

자연스럽게 두 부부는 아이들이 맞닥뜨린 문제와 그 문제를 푸는 일이 자신들의 일임을 알게 된다. 아이들이 일상을 보내는 환경과 공간을 아이들에 맞게 그리고 아이의 능력과 요구와 꿈에 맞게 계획하고 만드는 일을 비로소 시작하게 된다. 어떻게 보면 귄터의 작업은 이리와 협업의 결과라고 할 수 있다. 두 사람은 상호보완하며 지금까지 살고 있다.

그런데 두 사람은 큰 벽에 부딪히게 된다. 귄터와 이리는 산업 디자이너로서 디자인과 문제 해결, 재료학, 생산기술, 마케팅 등에 관해서는 공부했지만, 어린이의 욕구에 대해서는 체계적으로 공부한 것이 없어 그 부분을 공부해 균형을 잡는 일이 절실했다. 말하자면 교육학 같은 학문이었다. 그러나 그 과정에서 두 사람은 매우 중요한 사실을 깨닫게 된다. '교육학은 어른들이 자신들이 바라는 아이를 만들기 위해 어른이 아이를 어떻게 대하고 행동하게 해야 하는지를 써 놓은 학문'이라는 최종 결론에 이르게 된다. 이처럼 교육학에서는 아쉽게도 아이들에게 더 나은 세상을 만드는 데 도움이 될 만한 영감이나 자극을 얻을 수 없었다.

지난날 조경업자들이 도시 안에 미끄럼틀, 그네, 모래 상자를 하나씩 만들어 놓은 작은 마당을 놀이터라고 불렀다. 그러나 이런 공간들을 가보면 정말 어린이들의 욕구를 생각하고 만든 곳이라는 느낌이 들지 않았다. 그래서 두 사람은 조경건축가들이 어떤 기준을 가지고 놀이터를 계획하는지 알아보았다. 그때야 비로소 전세계 어디에도 놀이터나 어린이 공간 구성을 가르치는 대학이나 교수가 없다는 사실을 알게 된다. 심지어 묘지 조성, 거리 녹지 조성, 앞마당을 꾸미는 일을 가르치는 학과도 있는데 놀이터는 없었다. 그래서 두 사람은 아이들에게 맞는 환경을 설계하는 원칙을 스스로 만들기로 마음먹는다.

어린이에게 알맞은 환경 만들기 작업을 진행할 때 큰 문제는 어른들이 저마다 아이에 관해서 뛰어난 전문가라 착각한다는 것이었다. 모두 어린이였던 적이 있고 자식을 낳아 키웠고 가까이 알고 지내는 어린이가 한두 명은 있기 때문이다. 하지만 귄터는 어른들이 기억하는 자신의 어린 시절은 사실이 아닐 수 있다고 자주 말한다. 살아가면서 나중에 경험한 것들이 겹쳐지고 다시 해석된 기억이 더 많기 때문이다.

특히 자기 자식 또는 친척 아이들의 경우 객관적으로 판단하기는 더욱 쉽지 않다. 친척 사이든 부모와 자식 사이든 서로 집착하고 편견에 사로잡혀 있는 경우가 많기 때문이다. 아이의 욕구와 가능성과 소망을 제대로 파악하려면 어른들은 원시종족을 대하는 인류학자처럼 '어린이'라는 원시종족을 거리를 두고 보아야 가능하다고 귄터는 말한다. 귄터에게 그러면 어린이는 어떤 존재인가? 귄터는 이렇게 답한다.

"어린이들도 분명 사람이지만 그들은 균일한 집단이 아니다. 어린이는 상태이고 끊임없이 변하는 과정이다. 아이는 오늘 할 수 있는 일을 어제는 못했다. 그리고 내일 할 수 있을 일을 오늘은 아직 하지 못한다. 이처럼 거듭되는 새로운 능력의 획득, 이러한 변화, 몸과 마음과 지적 능력의 성장은 더구나 차츰 규칙적으로 일어나지 않고 뜀뛰기 하듯 어느 순간 훌쩍 나타난다.

이른 나이에 빠르게 성장하는 조숙한 아이가 있고 남들보다 늦게 천천히 성장하는 늦되는 아이가 있다. 그런데 우리 어른들은 성장 단계에 주목하지 않고 나이에 따라 아이들을 분류한다. 그래서 어떤 아이는 제 나이에 비해 늦다고, 다시 말해 멍청하다고 여기고 어떤 아이는 훨씬 똑똑하고 재능이 뛰어나며 유능하다고 여긴다. 이러한 차이는 나이가 들면서 대개 비슷해지지만, 아동기에 한 번 내려진 평가는 그 사람 평생 따라붙는 경우가 많다.

몸과 정신이 끊임없이 변하는 과정인 성장기에 아이들은 순간순간 자신의 능력과 자꾸 부딪히게 된다. 아이가 내일 무엇을 할 수 있을지 오늘 말해주거나 보여주거나 가르쳐주는 사람이 아무도 없기 때문이다. 아이는 호기심과 창의력과 상상력을 이용해 편견 없이 즉흥적으로 스스로 실험해보면서 자기가 무엇을 할 수 있는지 알아낼 수밖에 없다. 이러한 행위를 나는 '놀이'라고 부른다.

논다는 행위는 자기 자신, 자신의 가능성, 자신의 욕구, 자신의 환경과 맞서서 자신의 한계를 인식하고 그 가운데서 최선의 것을 만들어낸다는 뜻이다. 놀이는 배움의 원형(原型)이다. 이성뿐 아니라 감정과 몸도 사용해 얻는 종합적인 배움인 것이다. 이러한 배움을 위해 아이는 시간, 가능성의 자유 그리고 공간, 즉 놀이터가 필요하다."

귄터는 첫 놀이터를 설계한 이래 40년이 흐르는 동안 지금도 사랑받고 있는 수많은 놀이기구 디자인과 약 15,000개 놀이터 작업에 참여했고 약 250곳에서는 총괄책임자로 일했다. 대표 작업으로 1992년 독일 포르츠하임 정원박람회장 '놀이기구 없는 놀이터', 1998년 다임하우젠의 야외놀이공원, 2001년 영국 런던 켄싱턴 '다이애나 왕세자비 추모 놀이동산(Diana Memorial Playground)'과 2002년 독일 뮌헨박물관 어린이왕국 내 '물의 나라(Wasserbereich)', 2004년 영국 안위크 가든 '나무에서 놀기(Play in the Tree)', 2005년 오스트리아 빈 '쉰브룬궁전 놀이공원의 미로찾기 놀이터' 등이 있다. 연대기로 간략히 정리하면 다음과 같다.

Dream playgrounds for the Children

권터가 만든 주요한 놀이터 작품들

- Spielplatz ohne Spielgeräte, LAGA Pforzheim 1992
- Apulia Robinson Club, Kinderbereich, Italien 1993
- Expo Lissabon, Spielgelände, Portugal 1997
- New York City Hall of Science, Play Area, USA 1997
- Naturspielgelände, Waging am See 1997
- Playmobilpark, Zirndorf 1998
- Castle Plays Cape, Billund, Dänemark 1998
- Spielen in der Wildnis, Deimhausen ab 1998
- Spielinsel, Thoiry-Park, Frankreich 2000
- Spiel-Mal, Ornithopter, Magdeburg 2000
- Spielbereich im Livingston Park, PuertoRico 2001
- Princess Diana Memorial Park, Play Area, Kensington, London 2001
- Spielburg, LAGA, Oelde 2001
- Ouwehands Dieren Park, Spielhalle, Holland 2002
- Wasserspiel im Kinderreich, Deutsches Museum, München 2002
- Fidenza Village, Play Area, Italien 2003
- Spiel-Mal, Kiesspiel, Dortmund 2003
- Wasserspiel LAGA, Trier 2004

- Play in the Tree Alnwick Garden, England 2004
- Playmobil Spielen in der Halle, Zirndorf 2004
- Blindeninstitutsstiftung, Würzburg 2005
- Spiellabyrinth, Wien 2005
- Spiellabyrinth "Labyrinthicon", Schloß Schönbrunn, Wien 2005
- Playmobil, Wild West 2006
- Playmobil, Wasserkanalspiel 2007
- St. Josef Schrobenhausen 2007
- Mona Mare, Monheim 2008
- Spielwiese, Bad Friedrichshall 2008
- Caritas Kindergarten, Pforzheim 2008
- Z-mar, Portugal 2009
- Spielstruktur im Odysseum, Köln 2009
- Spielplatz in der Halle, Pensthorpe, England 2012
- Spielplatz Bedarfsplan für Schrobenhausen 2013
- Spielgelände Disentis, Schweiz 2013
- Spielplatz, Verein für Frühförderung, Neuburg 2013
- Spiel-und Therapiegelände, Stiftung AHL 2013

올해 75세인 귄터는 자신이 꿈꾸는 놀이터를 여태 만들지 못했다고 고백한다. 이것은 겸손의 말일까 아니면 정말 그렇게 생각하는 것일까. 귄터는 이렇게 말한다. 놀이터가 완성되면 꼭 가보는데 아이들은 자신이 설계한 대로 놀지 않고 전혀 다른 자기만의 방식으로 놀고 있는 모습을 종종 보기 때문이란다. 그것은 겸손이라기보다는 정직함에서 우러난 말이었다. 아이들은 어른보다 훨씬 더 창의적이고 상상력이 풍부하며 즉흥적이며 편견이 적고 게다가 호기심이 많기 때문이라고 한다. 귄터는 끝으로 이렇게 말한다.

"지금 우리가 아이들을 위해 하는 행위의 영향이
앞으로 70년 뒤 이 사회에 나타난다는 사실을 잊지 말아야 한다."

지금부터 귄터와 함께 그가 40년 동안 그리고 만들고 가꾼 놀이터 여행을 흑백 드로잉 하나에 의지해 떠나려고 한다. 여행의 중간중간 우리 아이들의 공간과 환경과 놀이터가 바뀌는 것을 상상하며 쉬다가 놀다가 가시기를 권한다.

1. 어린이집·유치원과 학교 놀이터

고백하자면, 주택이나 아파트 단지 안에 있는 놀이터나 공원 놀이터보다 더 눈여겨보는 놀이터가 어린이집·유치원과 초등학교 놀이터이다. 한국의 유아교육과 초등교육이 맞닥뜨리고 있는 여러 어려운 점이 놀이터 변화를 통해 상당 부분 해소될 수 있다. 현재 한국의 유·초등 교육현장은 아이들이 놀 수 없는 구조가 거의 완성되었다. 더디지만 어린이집·유치원과 초등학교 건물이 나아지고 있는 것에 견주면 바로 앞에 있는 놀이터는 전혀 바뀌지 않고 있다. 이 부분을 어떻게 혁신할 것인가가 나의 큰 화두이다.

어린이집·유치원과 초등학교를 떠나 현장학습이다 체험이다 하며 멀리 다닐 것이 아니다. 가까이 있고 오랫동안 머무는 일상의 놀이공간을 놀이숲이나 놀이터로 바꾸는 생각은 왜 하지 않는 것일까. 무언가 배우고 가져올 것이 아이들이 있는 일상 밖에 있다는 착각에 아직도 빠져 있기 때문일 것이다. 그동안은 학교 건물 안에서 일어나는 교육과정과 구조를 바꾸는 데 애를 썼다면, 이제는 학교 건물 밖을 바꾸는 데 힘을 써야 아이들이 살아날 것이라고 믿는다. 어린이집·유치원과 초등학교에 달린 놀이터의 변화가 지금 절실하다. 둘러보면 이렇게 황량한 곳이 또 있으랴 싶을 정도로 스산하다.

귄터는 오랫동안 수많은 놀이터를 디자인하고 설계하고 시공하는 일을 했지만, 그와 동시에 많은 킨더가르텐과 학교, 그리고 교육공간의 놀이터를 바꾸는 일도 그에 못지않게 집중했다. 이번에 귄터의 킨더가르텐과 학교 놀이터를 살피고 정리하면서 새삼 느낀 것은 작은 것에서 큰 것까지 소홀함이 없는 귄터의 꼼꼼함이었다. 예술가로서 귄터의 심미적 감각은 말할 필요가 없겠지만, 그런 예술적 표현이 감성에서만 우러나온 것이 아니라는 사실을 알았다. 아이와 교육에 관한 깊은 공부와 비판적 성찰이 킨더가르텐과 학교 놀이터 디자인으로 어떻게 이어지고 있는지 함께 느끼고 싶다.

먼저 어린이집·유치원 놀이터이다. 귄터는 킨더가르텐 안에 있는 놀이터를 만들 때 가장 먼저 생각해야 할 것이 운영자의 세계관이라고 말한다. 아이들이 놀면서 옷이 젖고 더러워지는 것을 당연하게 생각하는지 아니면 올 때 모습 그대로 돌아가길 바라는지 먼저 묻고 그에 대한 답이 있어야 한다는 말이다. 놀이터를 만들 때 이 둘의 차이는 전혀 다른 놀이터를 만들게 될 것이다. 이 부분이 명확히 정리되지 않으면 놀이터가 만들어진 다음에도 끊임없이 갈등과 다툼이 생길 수 있다.

덧붙여 어린이집·유치원 놀이터에서 내가 중요하게 생각하는 것은 놀이 영역을 구분할 것이냐 통합적으로 쓸 것이냐도 미리 생각해보아야 한다는 것이다. 이유는 앞서와 같다. 지나치게 영역 구분을 해 놓으면 함께 공유할 수 있는 공간은 줄어들게 됨을 알아야 한다. 반드시 있어야 할 것은 물, 모래와 더불어 진흙놀이를 할 수 있는 공간을 마련하는 일이다. 이제는 한국의 유아교육기관의 놀이터가 모래놀이를 넘어 진흙놀이로 나아가야 한다는 주장을 하고 싶다. 물을 마음대로 쓸 수 있어야 가능한 일이다. 또한, 혼자 놀이를 할 수 있는 공간도 고려해야 한다. 많은 아이가 밀집한 공공 놀이터나 학교 놀이터와 어린이집·유치원 놀이터가 어떻게 달라야 하는지 따져보는 것도 절실하다.

Aquadukt und Wasserspiel in Wartaweil

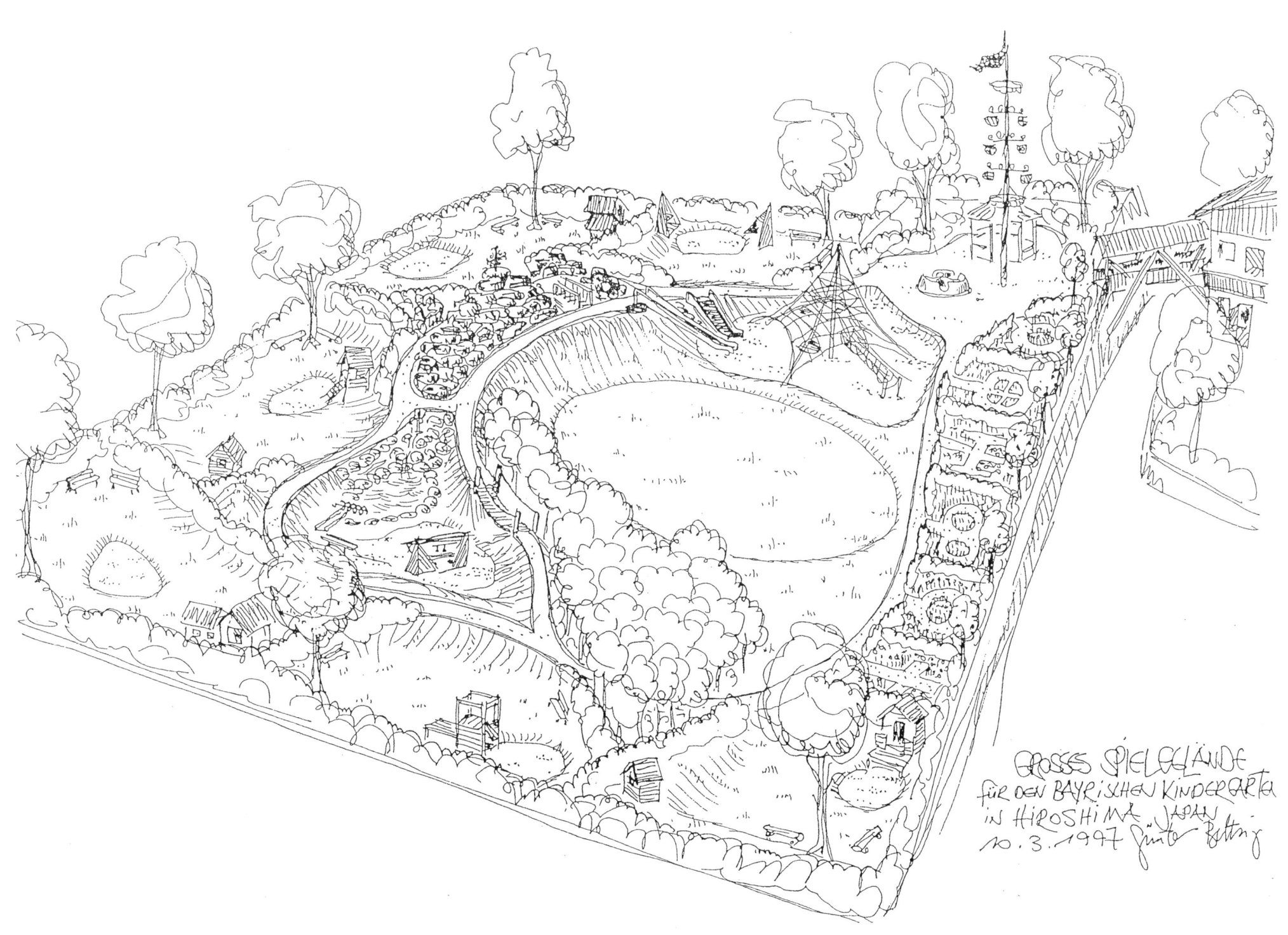

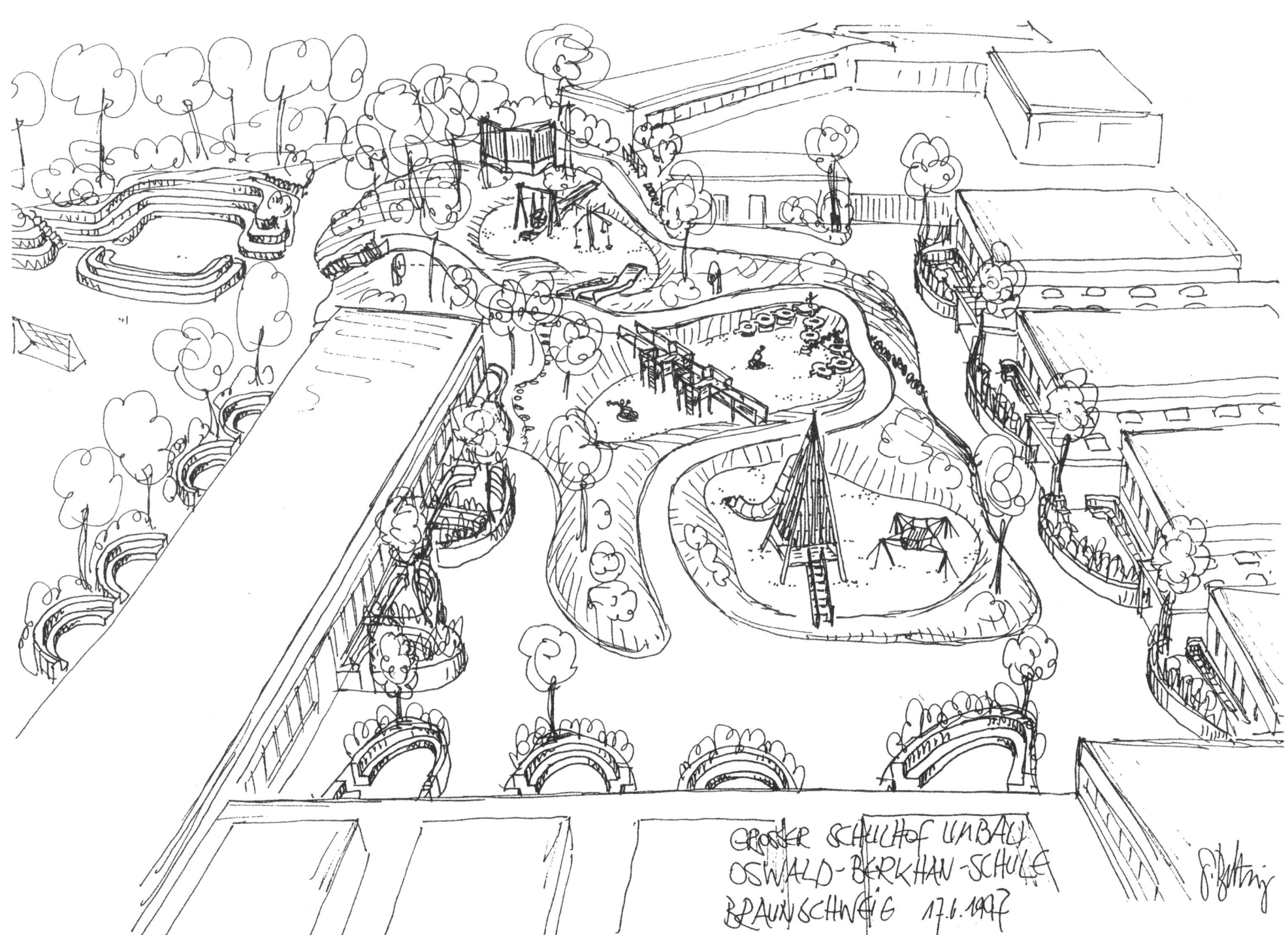

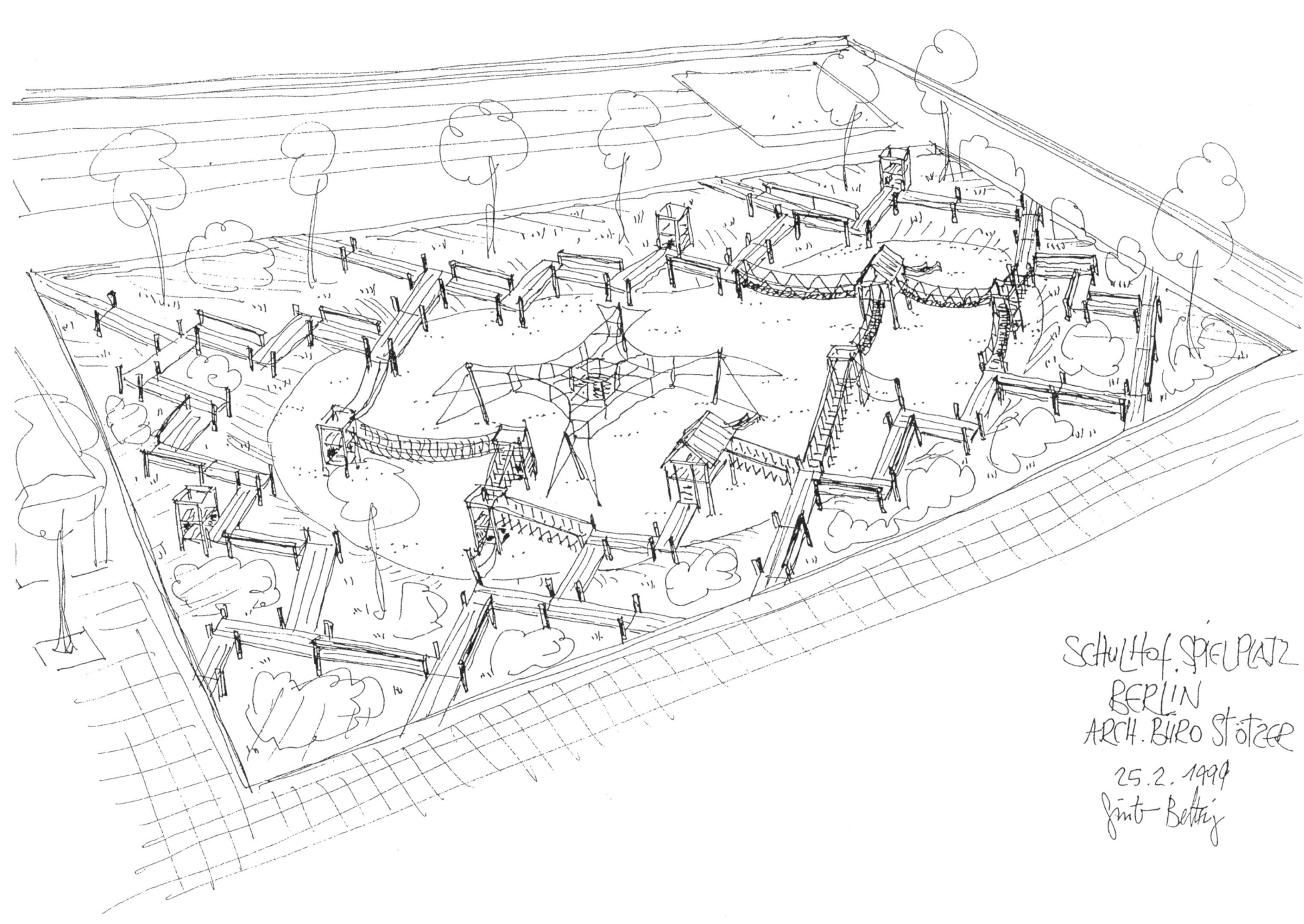

Schulhof-Spielplatz
Berlin
Arch. Büro Stötzer
25.2.1999

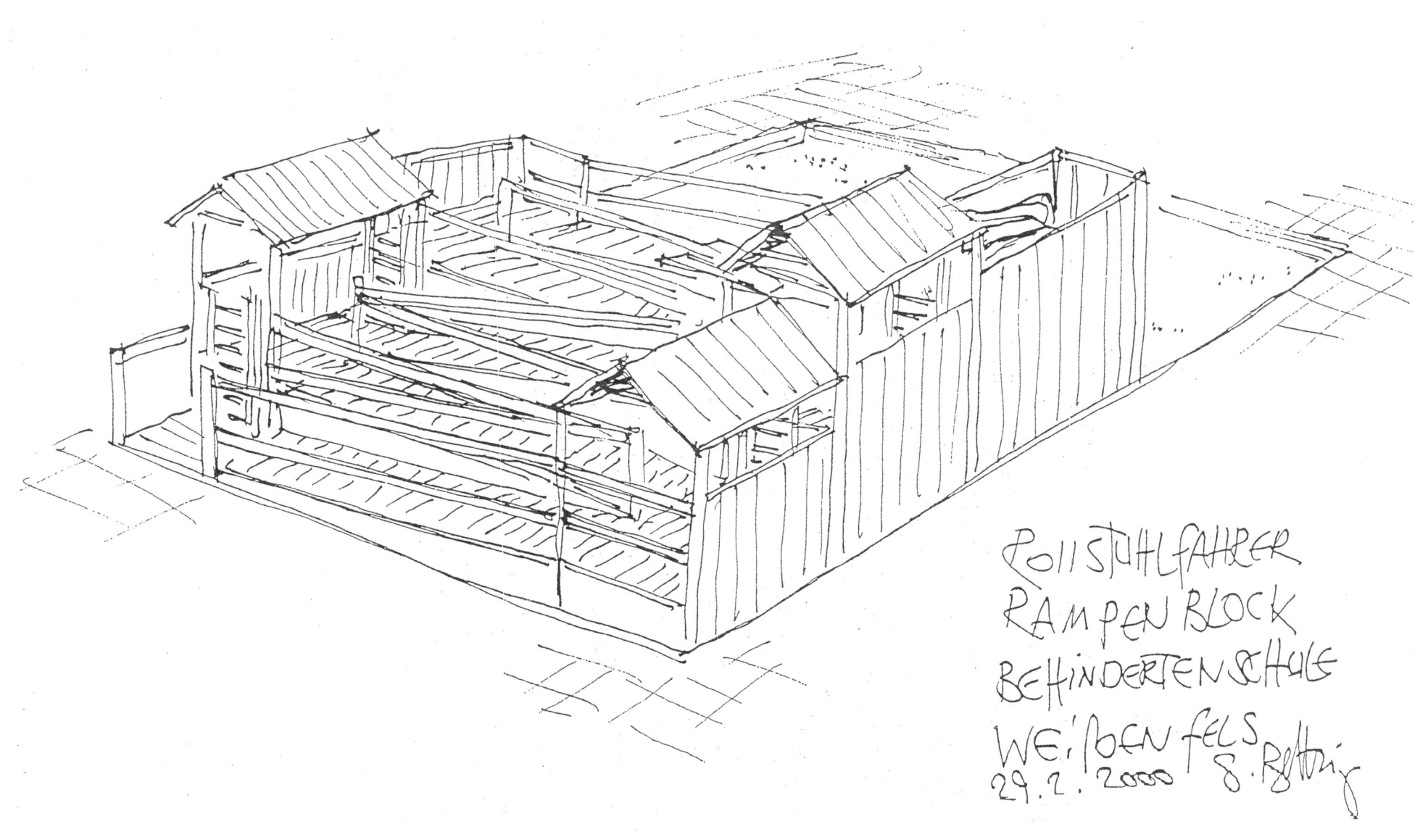

ROLLSTUHLFAHRER
RAMPENBLOCK
BEHINDERTENSCHULE
WEIßENFELS
29.2.2000   S. Rettig

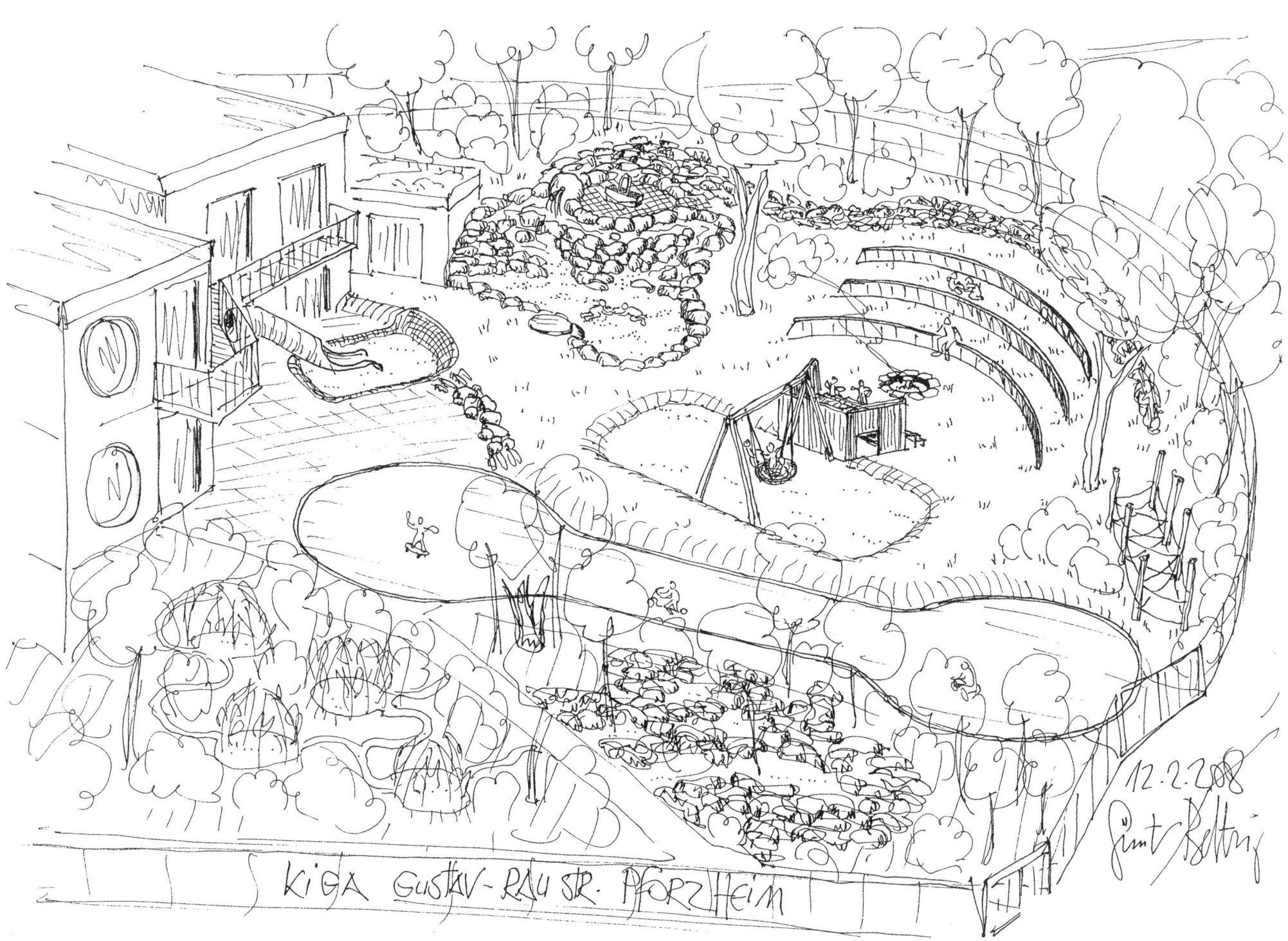

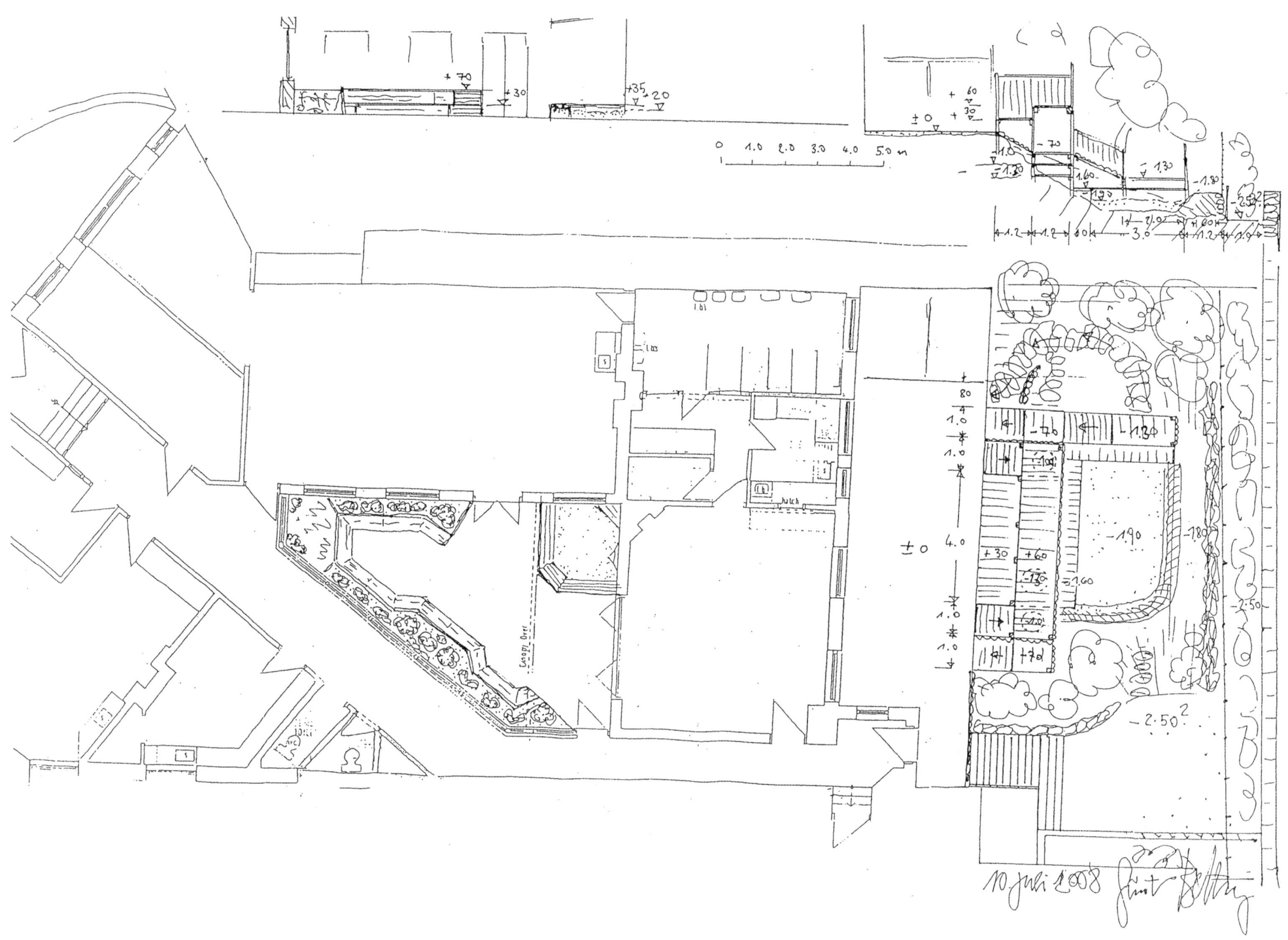

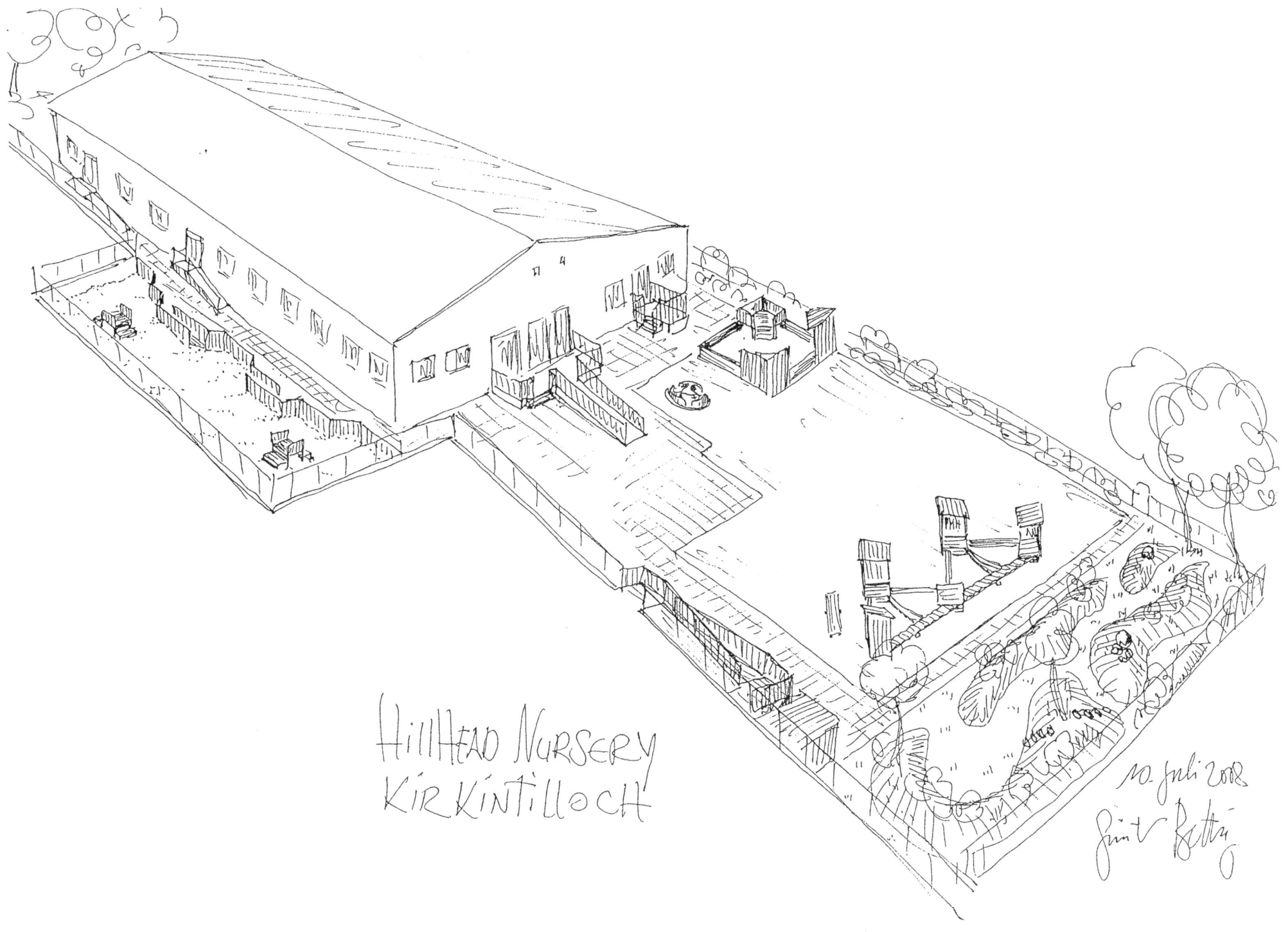

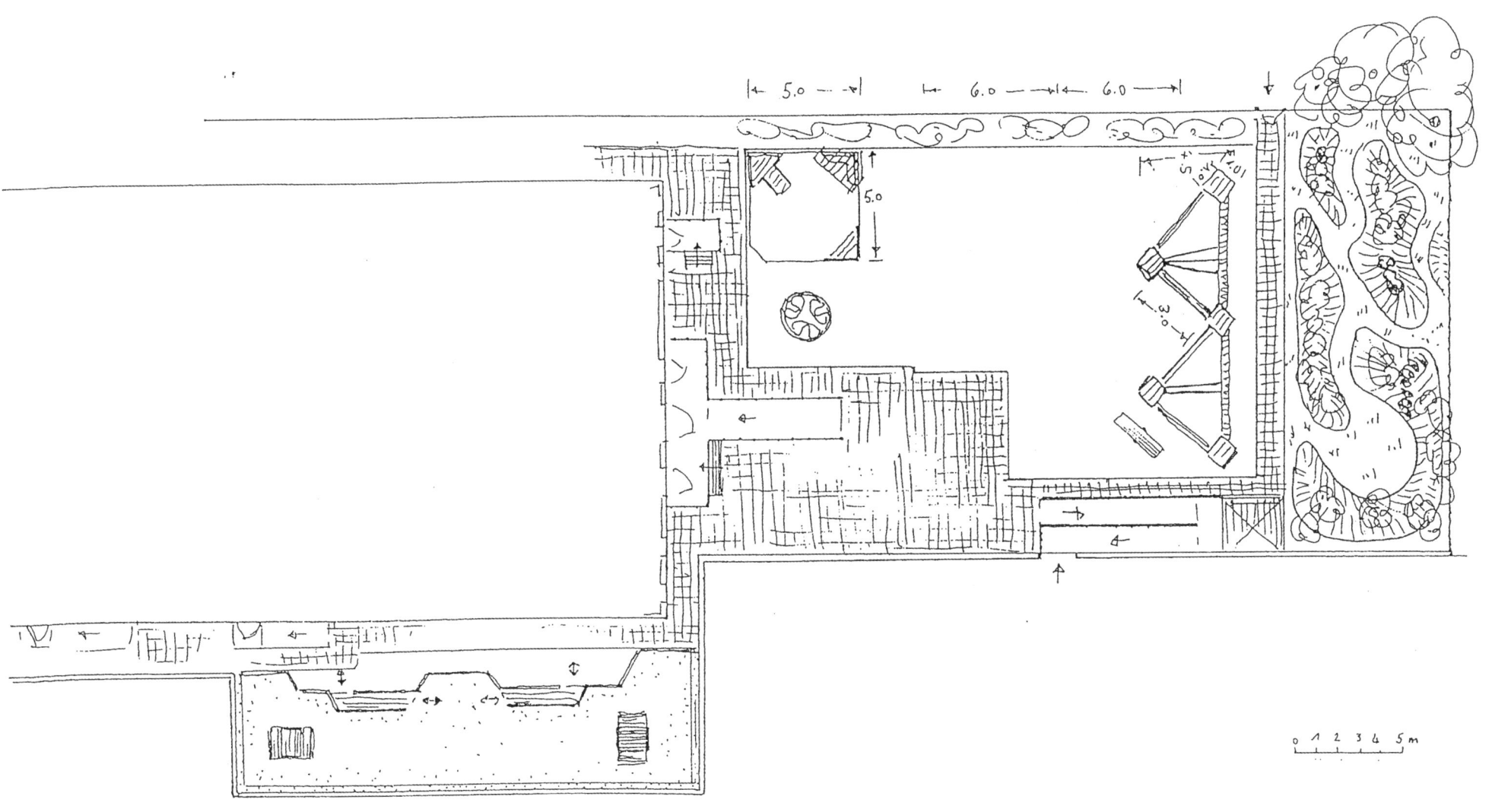

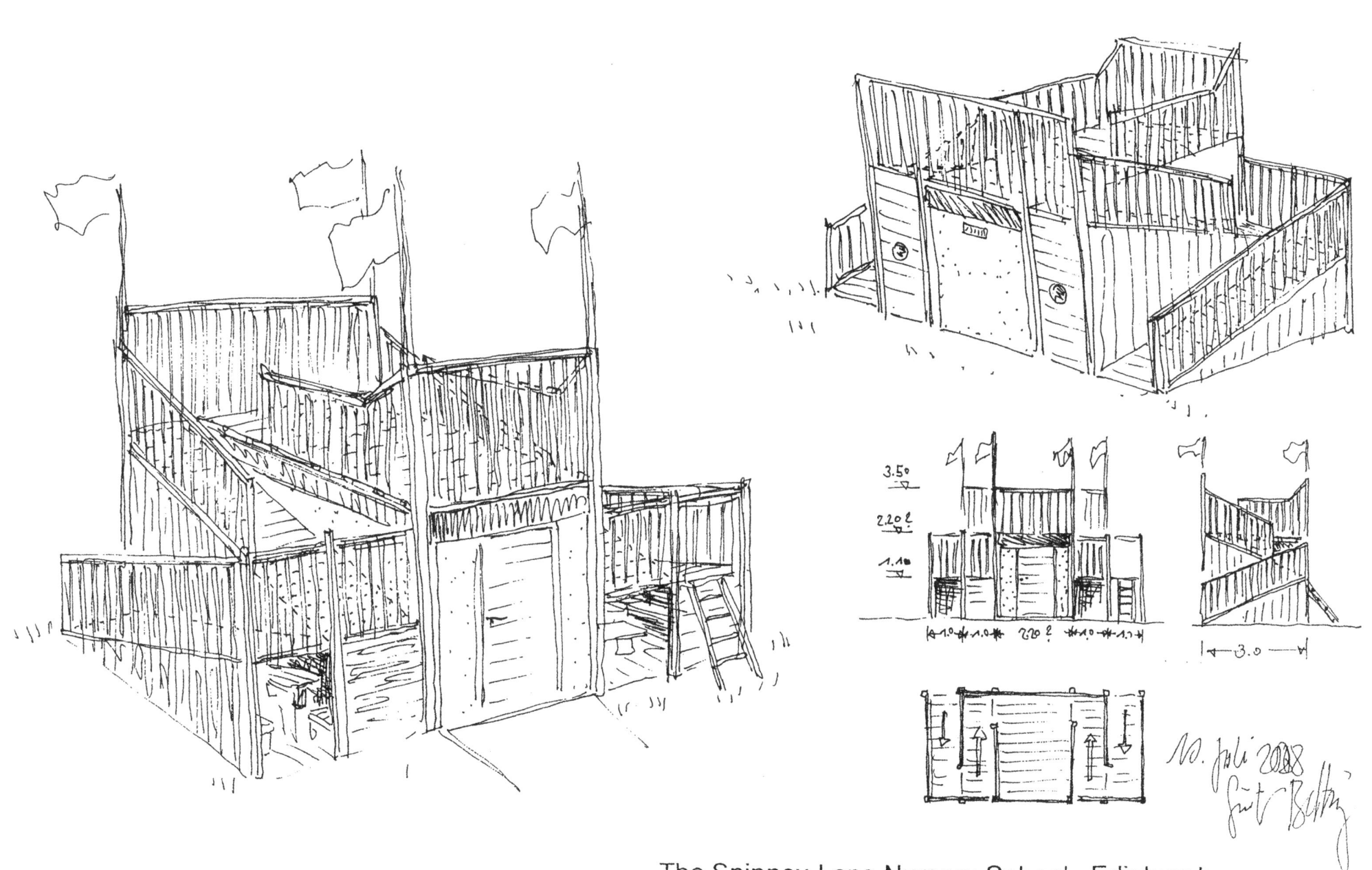

The Spinney Lane Nursery School   Edinburgh

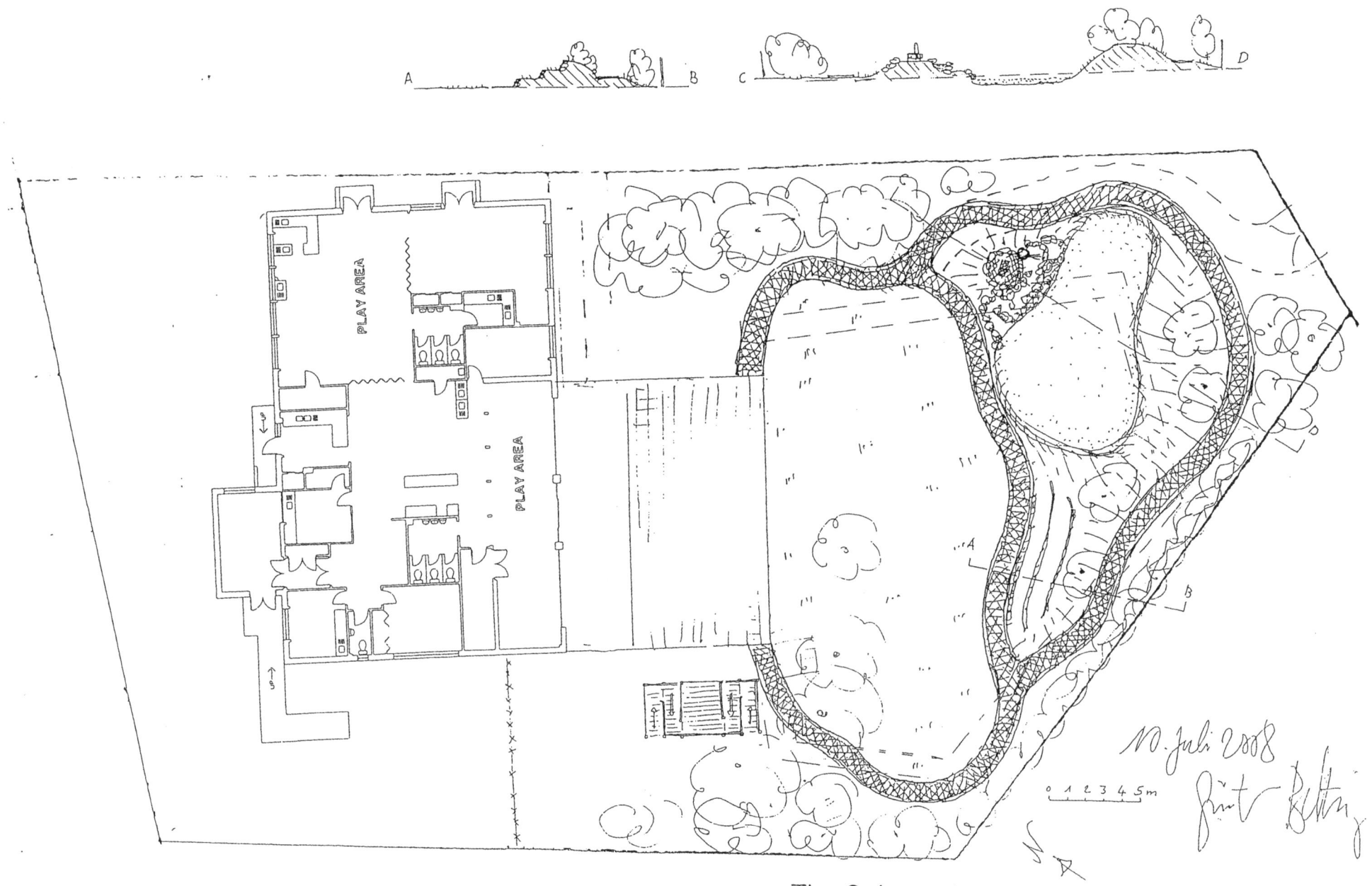

The Spinney Lane Nursery School   Edinburgh

학교 놀이터로 넘어가기 전에 유아 놀이터 이야기를 하나 더 해야 할 것 같다.

'놀이방'이다. 권터는 뒤에 나오겠지만, 실내 놀이터도 설계했고 실제로 만들기도 했다. 유아들이 생활하는 실내 공간을 어떻게 놀이터로 만들 것인가 고민이 없을 수 없다. 그 싹을 볼 수 있는 그림을 2가지로 나누어 싣는다. 이런 공간을 만들 때 권터가 관심을 두는 것은 그 공간이 매우 사적인 공간이고 편안해야 한다는 것이다. 여럿이 놀 수 있어야 하고 역할극이나 상상놀이를 할 수도 있다면 좋다. 밖에서만 할 수 있는 놀이도 할 수 있게 만들 수 있다면 더욱 좋다. 작은 무대를 만드는 것도 한 방법이다. 놀이터와 무대가 서로 넘나들며 쓰일 수 있기 때문이다.

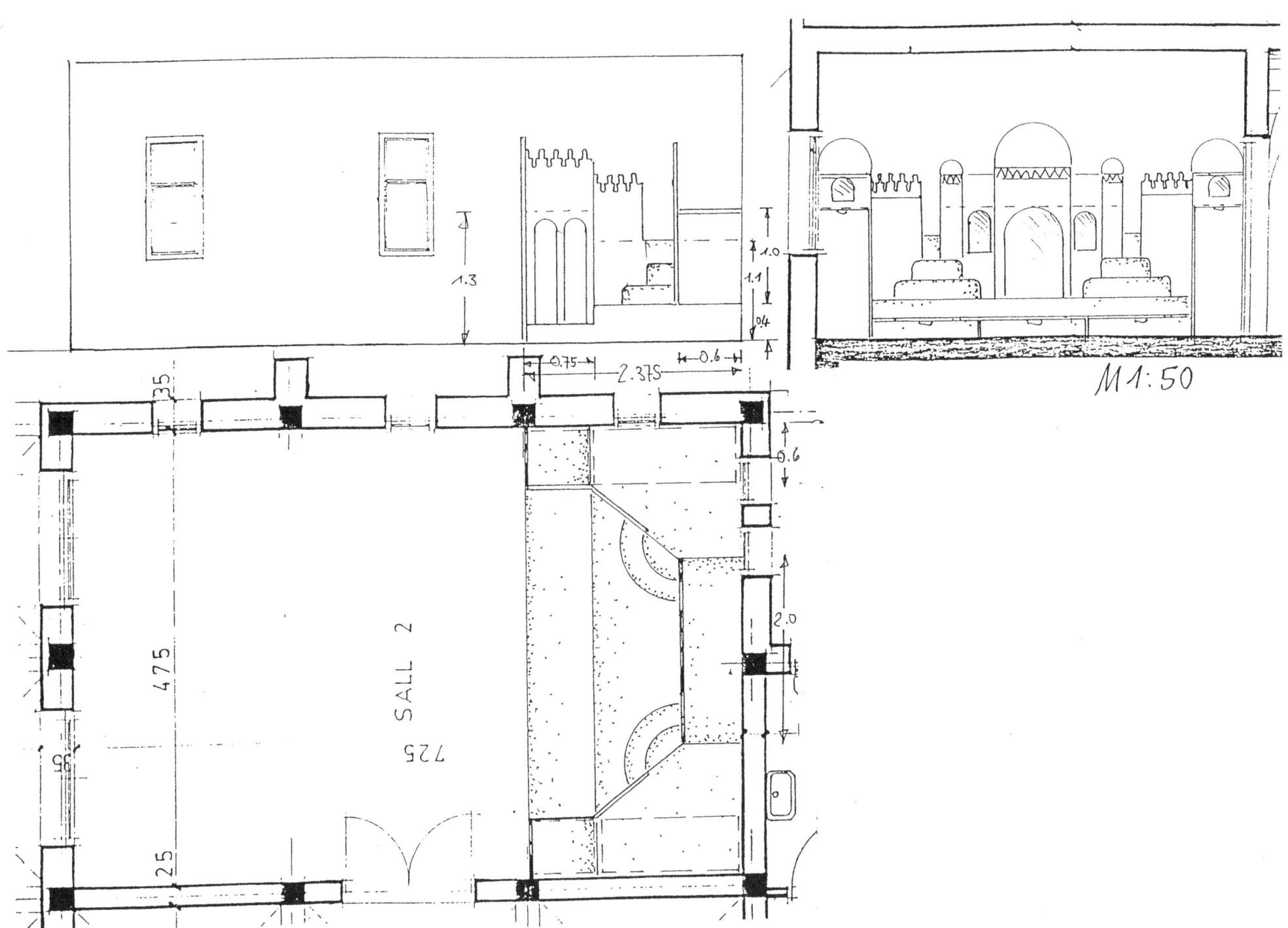

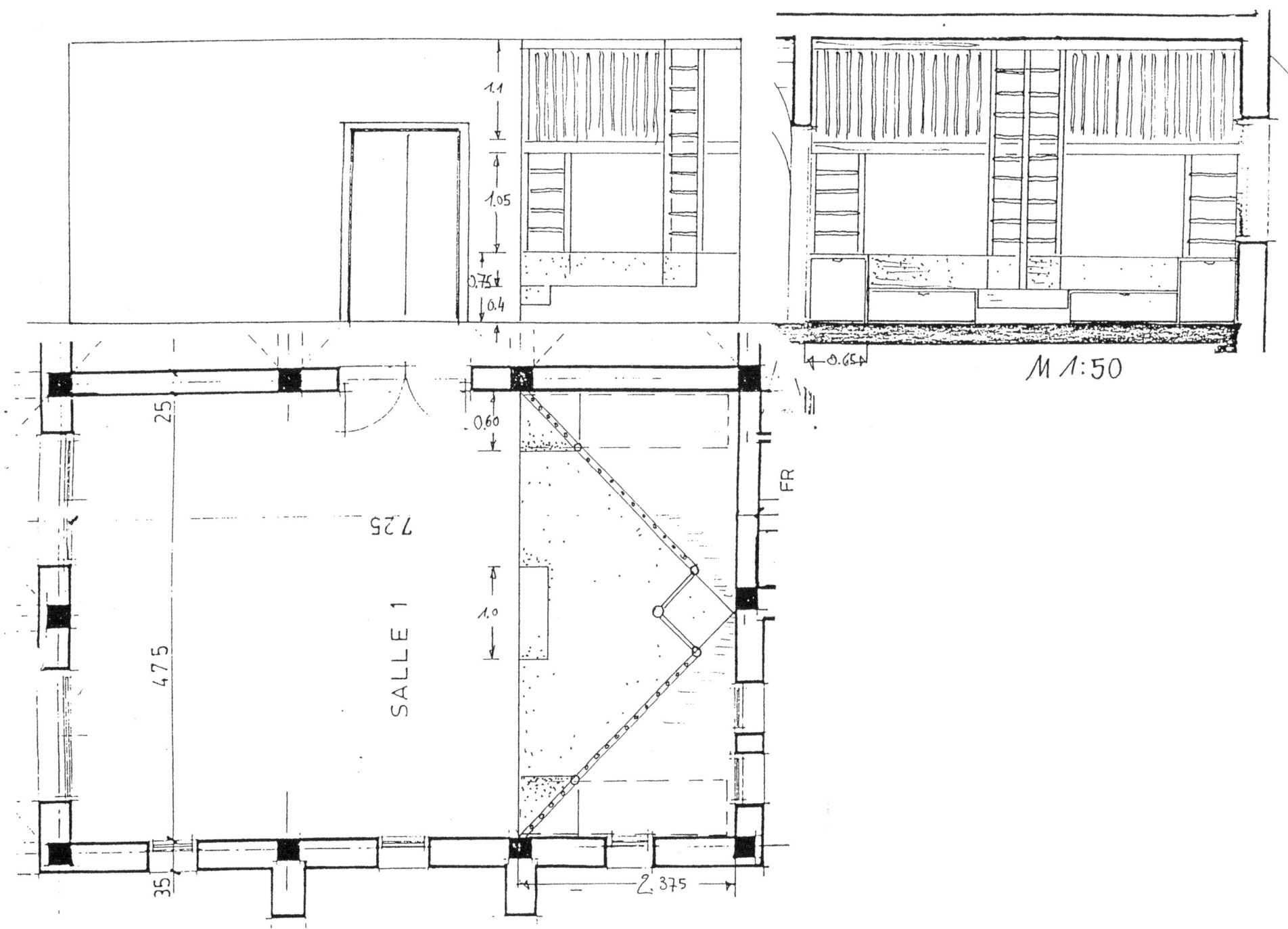

눈여겨보아야 할 유아 놀이터 그림이 있어 소개한다. 귄터의 드로잉 중에 보기 드물게 전후 2장의 그림이 나란히 있는 놀이터이다. 이곳은 KAIFU라는 우리로 치면 '주간 돌봄 어린이집'이다. 바꾸기 전 그림을 보면 이곳은 구조적으로 일직선 모습을 하고 있어 아이들 놀이터 공간을 구성하기가 쉽지 않음을 한눈에 알 수 있다. 또한, 고치기 전의 모습을 보면 건물뿐만 아니라 길이나 나무나 구조물 또한 직선의 기운을 바꾸거나 보완하지 못하고 더욱 강화하는 구조이다.

그러다 보니 아이들이 밖으로 나왔을 때 안정이라는 것을 느끼기 어렵다. 시선을 한쪽으로 다 날려버릴 수밖에 없는 구조가 되었다. 마치 동물원 안에 있는 느낌도 든다. 어린이집·유치원 놀이터를 만들 때 귄터가 가장 경계하는 지점이다. 이를 귄터는 옆의 그림으로 바꾸어 놓았다. 어떤 것들을 새롭게 보태고 또 있던 것들을 어떻게 바꾸어 배치했는지 잘 살피면 좋은 공부가 될 것이다. 내게 가장 눈에 띄는 것은 직선 세로 선의 가로 선 보완이다. 이렇게만 해도 아이들은 앞서와 다른 공간을 느끼고 그것은 새로운 놀이 세계를 아이들이 만들어갈 수 있음을 예감하게 한다.

before

after

47

　　귄터의 학교 놀이터를 함께 보자. 먼저 학교 놀이터와 공공 놀이터는 성격이 다르다는 것을 알 필요가 있다. 교실에 갇혀 있던 아이들이 한꺼번에 쏟아져 나와 에너지를 발산하다 보니 매우 혼란스러운 상황이 자주 연출되는 곳이 학교 운동장이다. 어떻게 학교 운동장을 학교 놀이터로 바꿀 수 있을까? 귄터는 아이들이 놀고 싶은 놀이 욕구를 자연스럽게 풀어낼 수 있는 공간으로 새롭게 디자인되어야 한다고 주장한다. 몸을 움직여 놀고 싶은 조형적 구조물이 있는 것도 나쁘지 않다.

　　하지만 학교의 특성상 한꺼번에 여러 집단이 하나의 놀이구조물로 뛰어 달려가는 일이 생길 수 있다는 것을 챙겨야 한다. 밖으로 나와서도 또다시 경쟁하고 밀치는 일이 발생할 수 있다. 이러한 아이들의 행동 특징을 충분히 고려해 학교 놀이터 디자인과 설계에 들어가야 한다. 이러한 문제를 실제 학교 놀이터 디자인에서 귄터가 어떻게 풀어갔는지 놀이터 드로잉을 보면서 상상하는 것도 큰 재미가 있을 것이다. 귄터의 그림은 공간을 사유하게 한다.

먼저 가장 큰 면적을 차지하는 바닥을 무엇으로 할 것인지 고민해야 한다. 학교 놀이터의 식생도 매우 중요한 놀이기구와 교류의 장소가 될 수 있음은 물론이다. 특히 아이들이 집중되고 욕심을 내는 그네나 시소 미끄럼틀 같은 경우는 신중하게 생각해야 한다. 오히려 자연스러운 경사를 이룬 자연 언덕이 한꺼번에 한 곳에 몰리는 아이들의 성향을 분산시킬 수 있는 좋은 요소가 될 수 있다. 뒤에 나올 '복합 놀이기구 놀이터'도 고려해볼 만하다. 좁은 장소에 여러 놀이 요소를 결합해 놓은 것이라 소규모 학교의 경우는 좋겠다. 그러나 학교 놀이터를 만들 때 가장 중요하게 생각해야 할 것은 아이들의 놀이 욕구를 어떻게 품어 안을 것인지에 집중하는 일이다. 좋은 놀이는 좋은 배움으로 이어진다는 것을 잊지 말아야 한다고 귄터는 말한다.

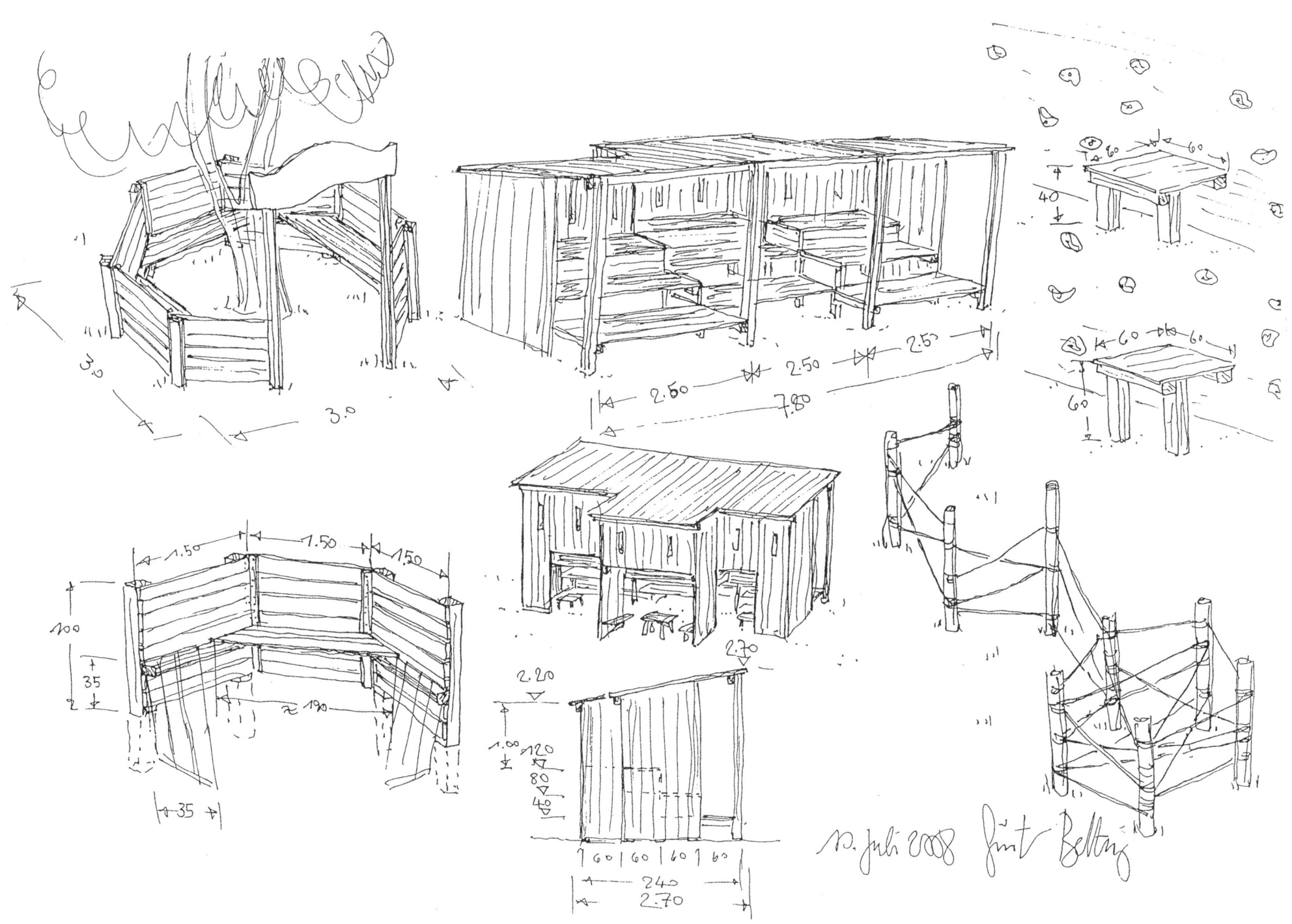

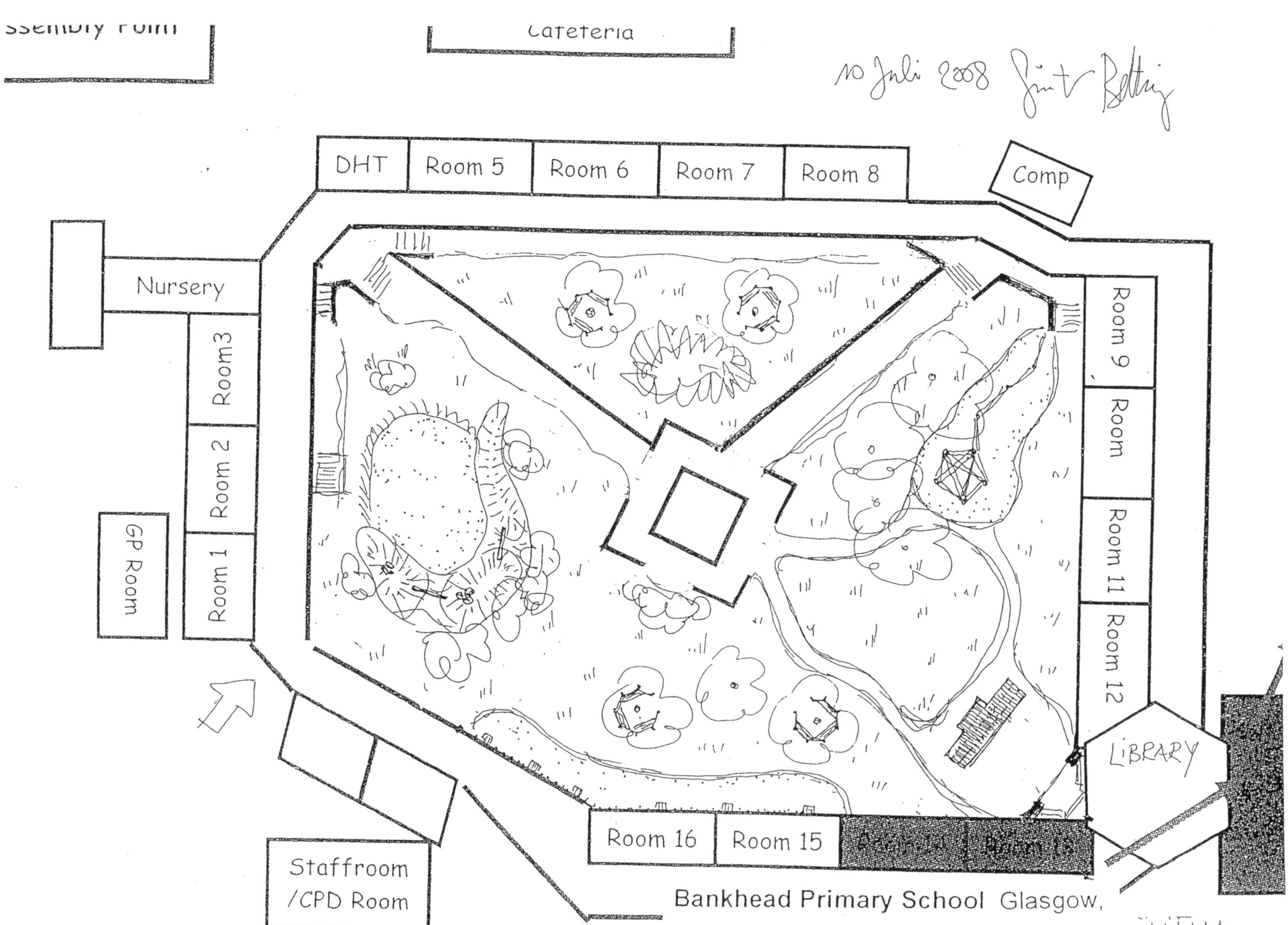

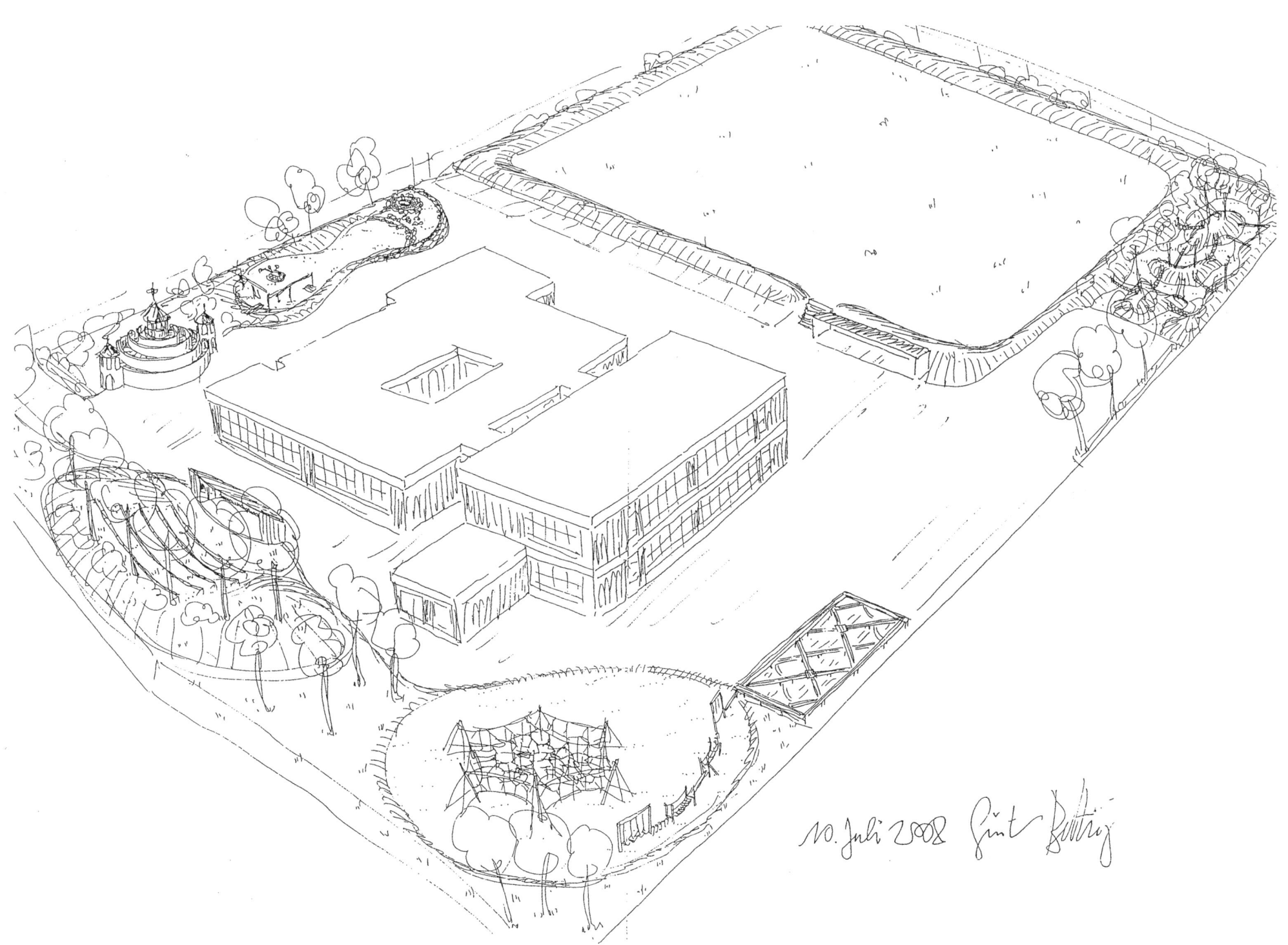

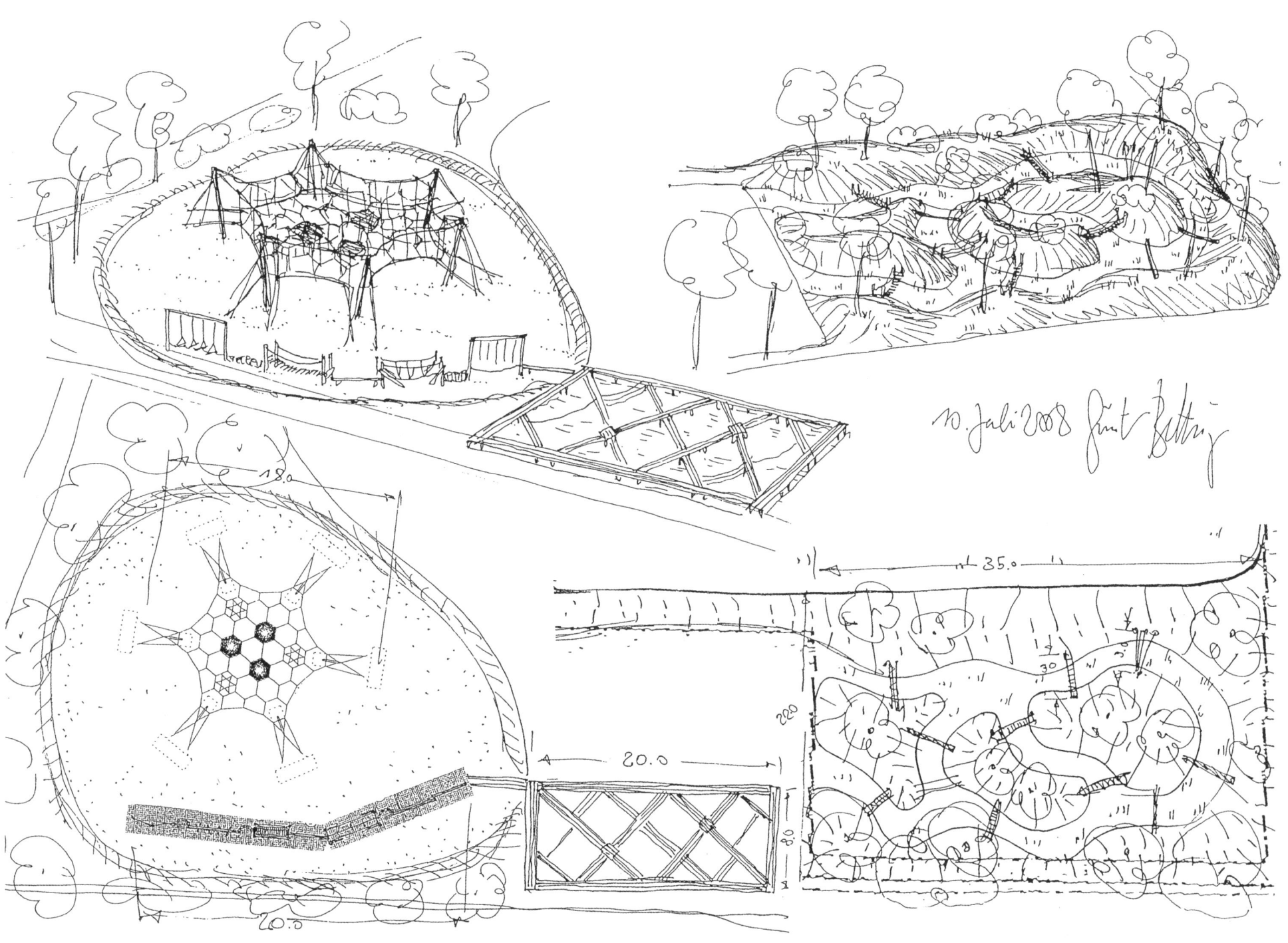

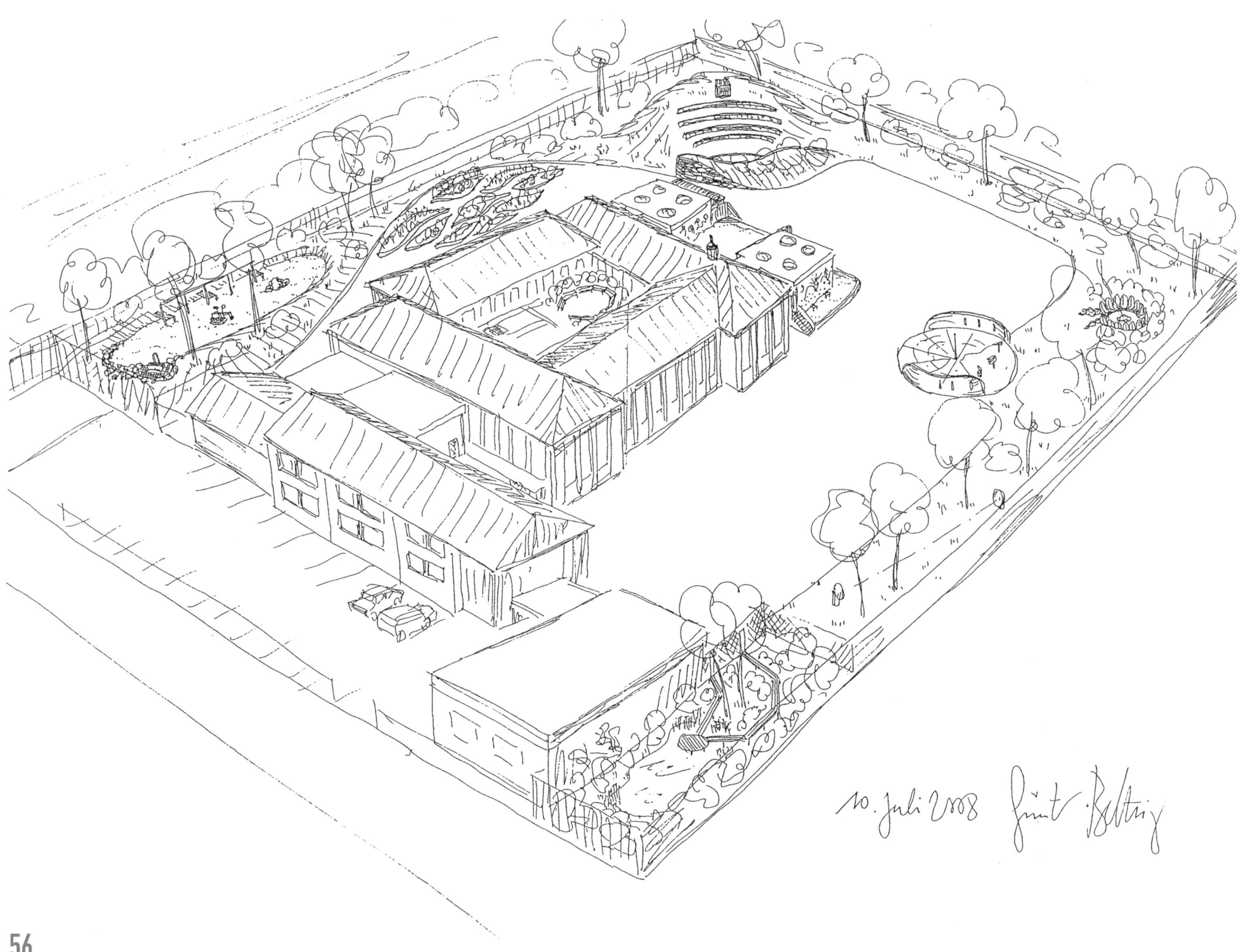

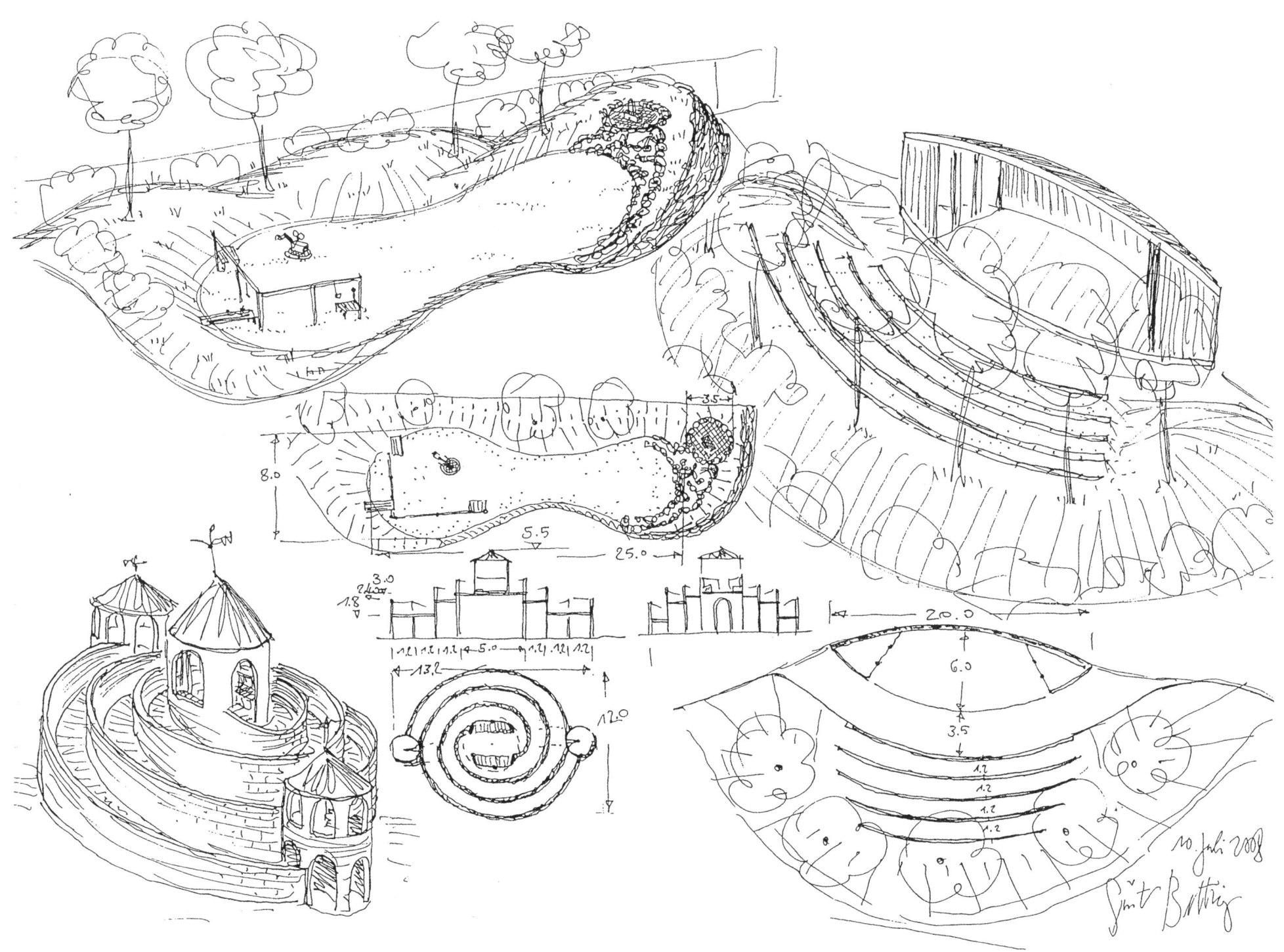

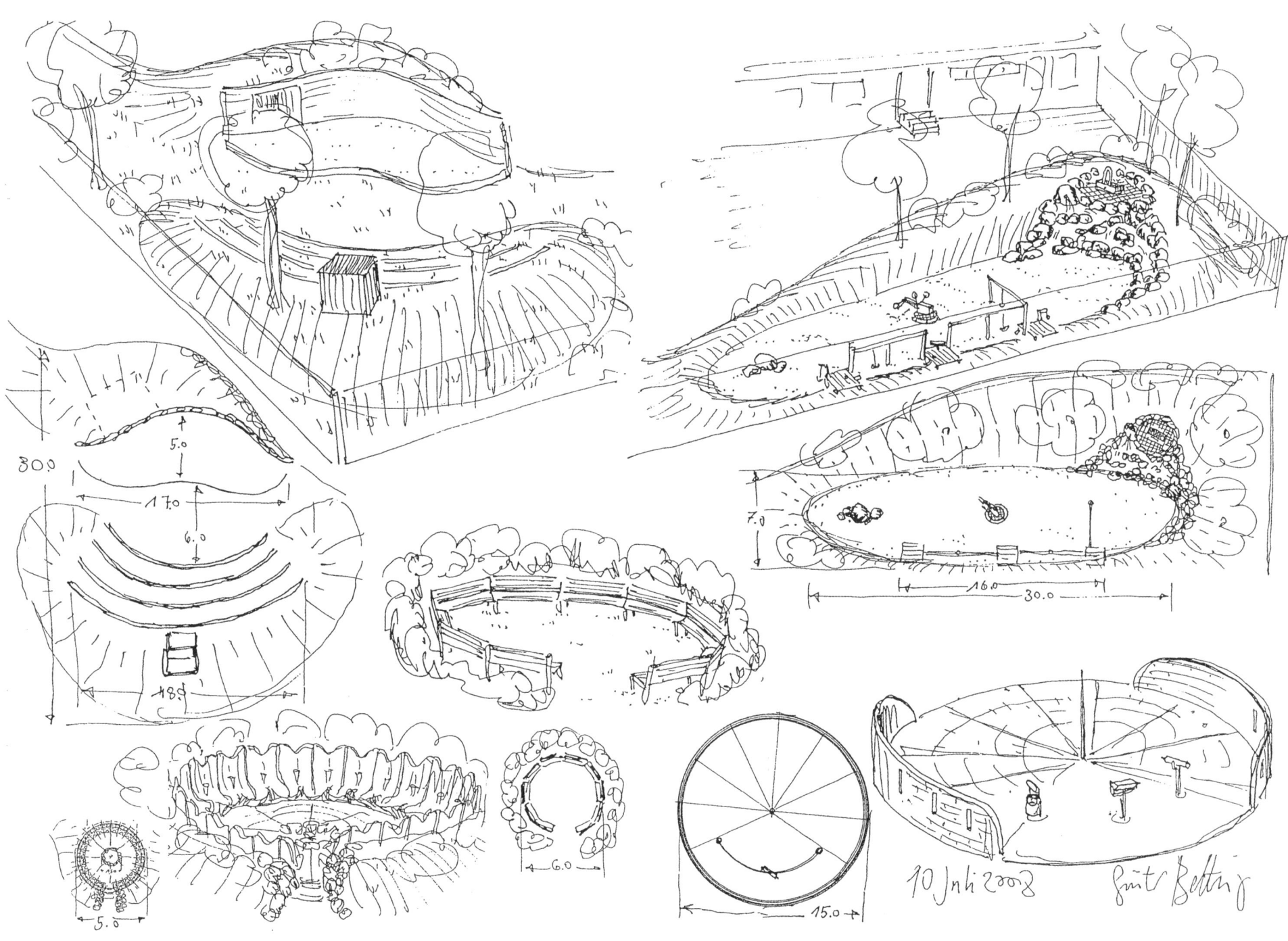

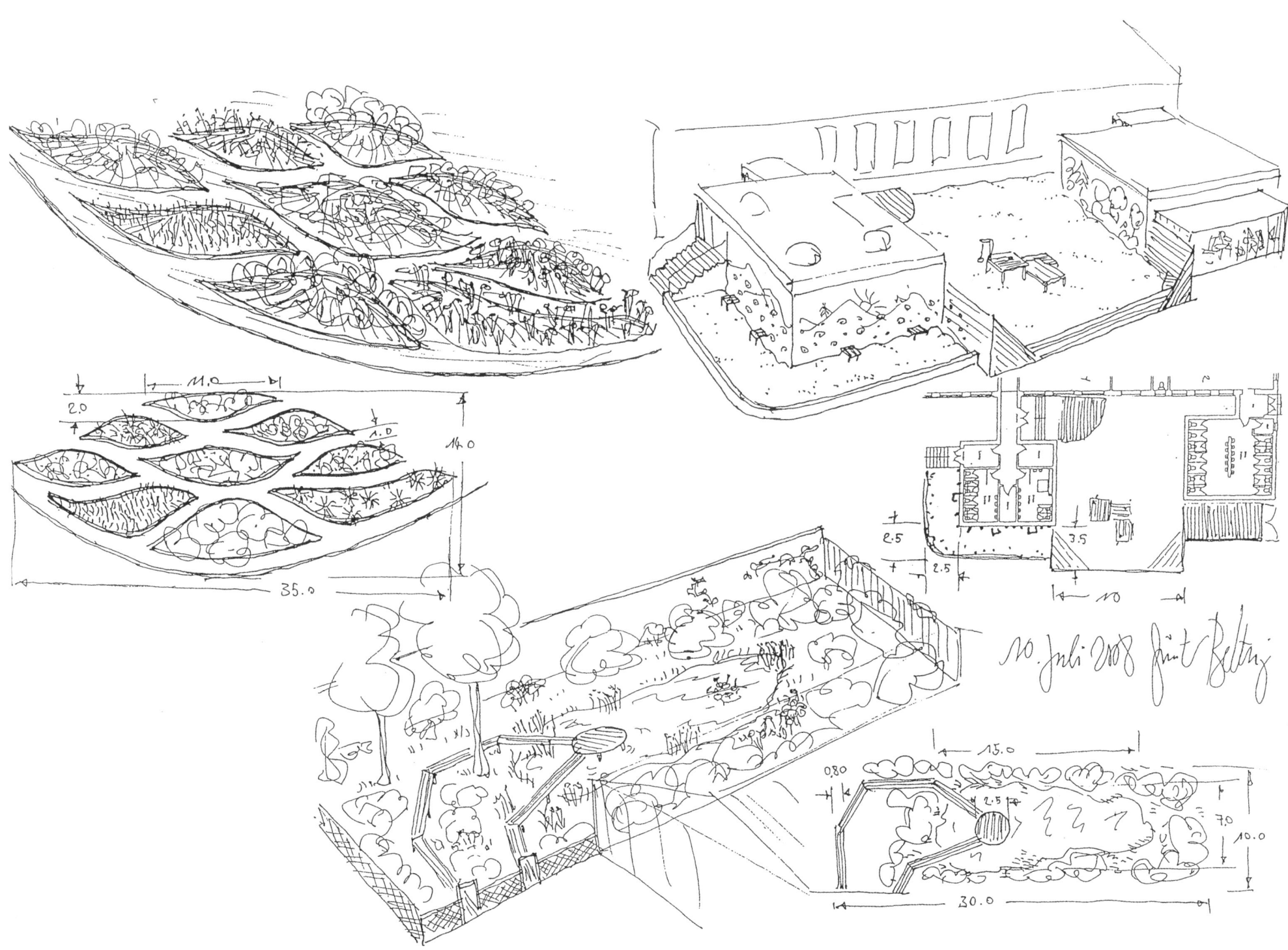

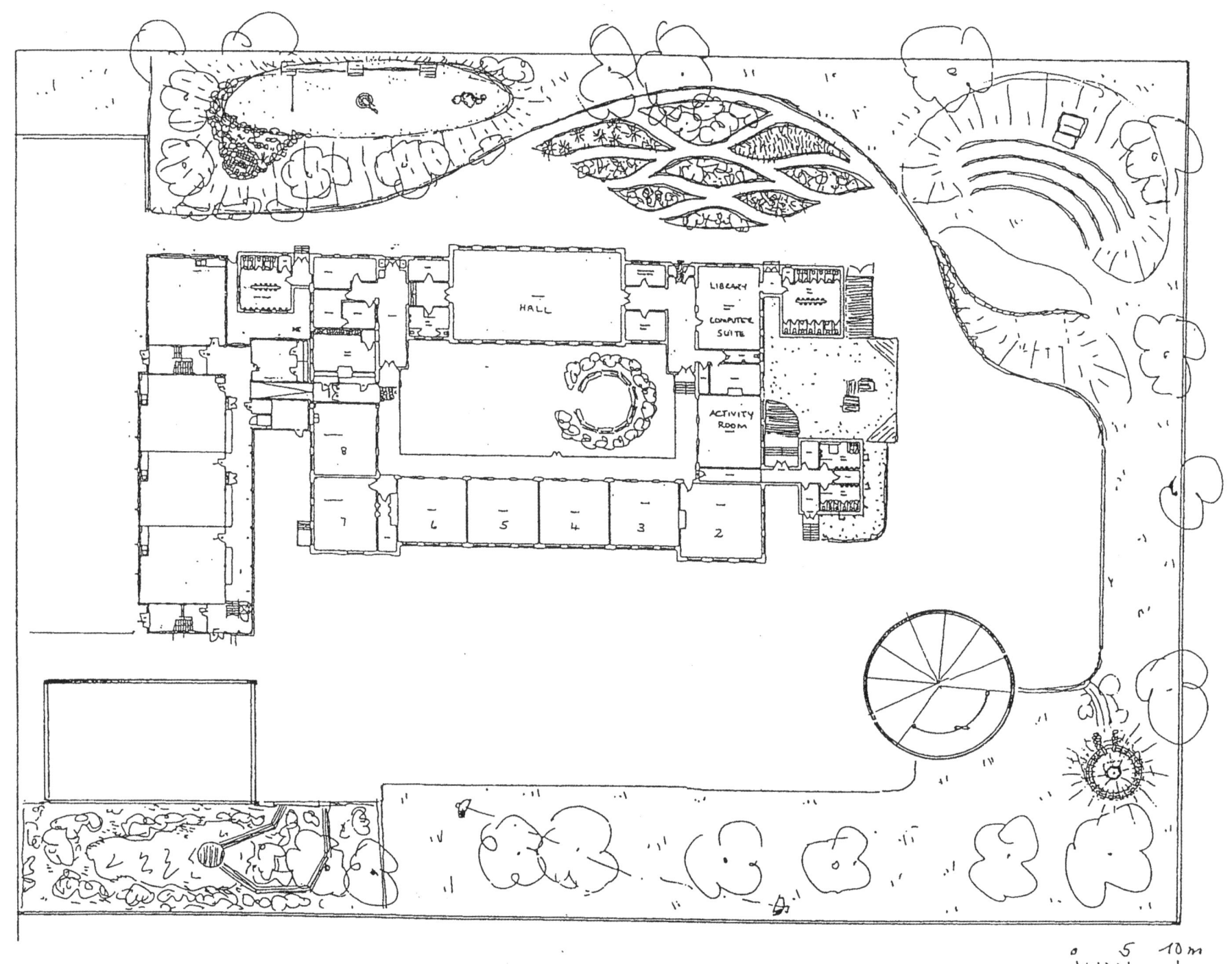

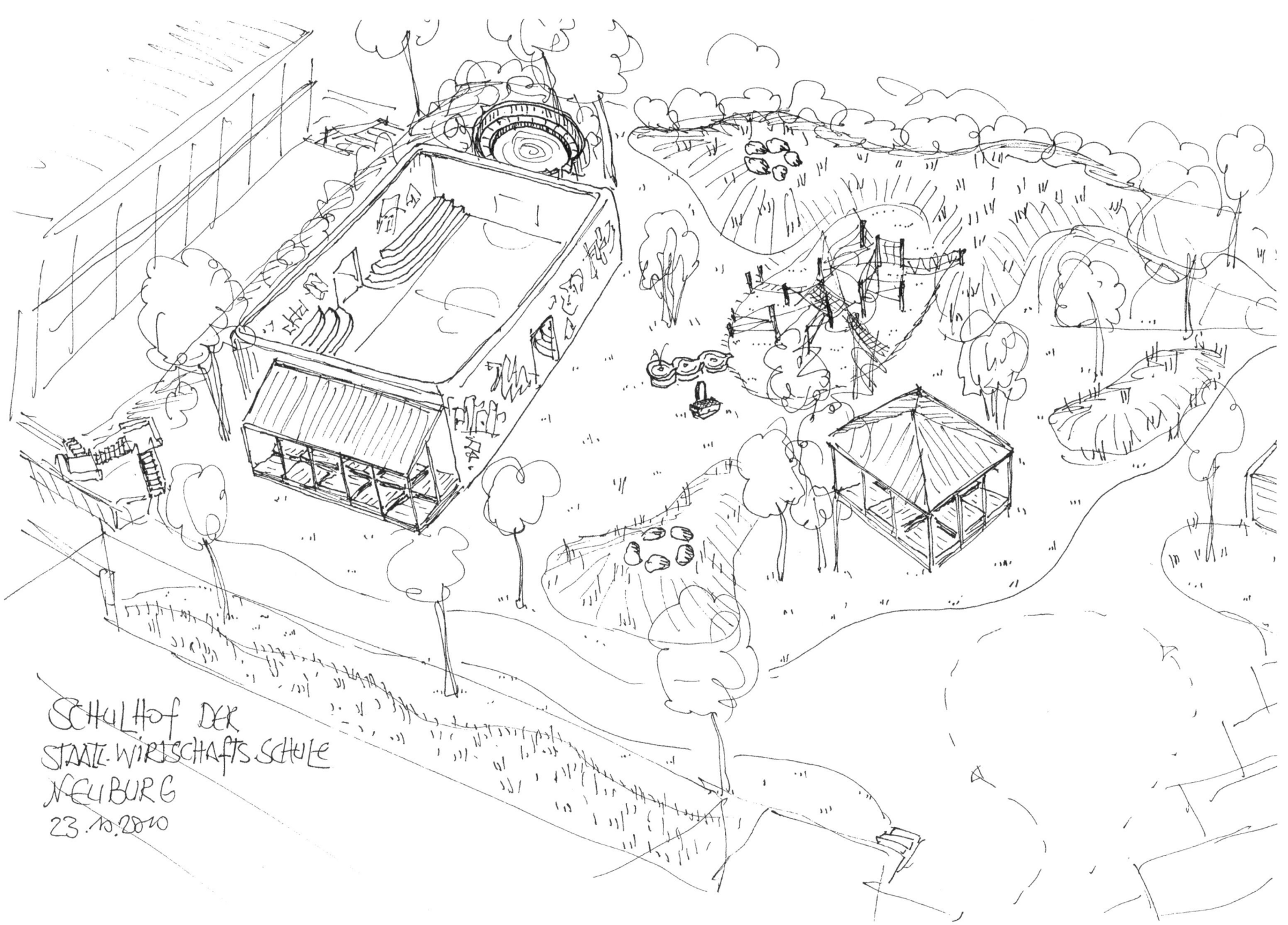

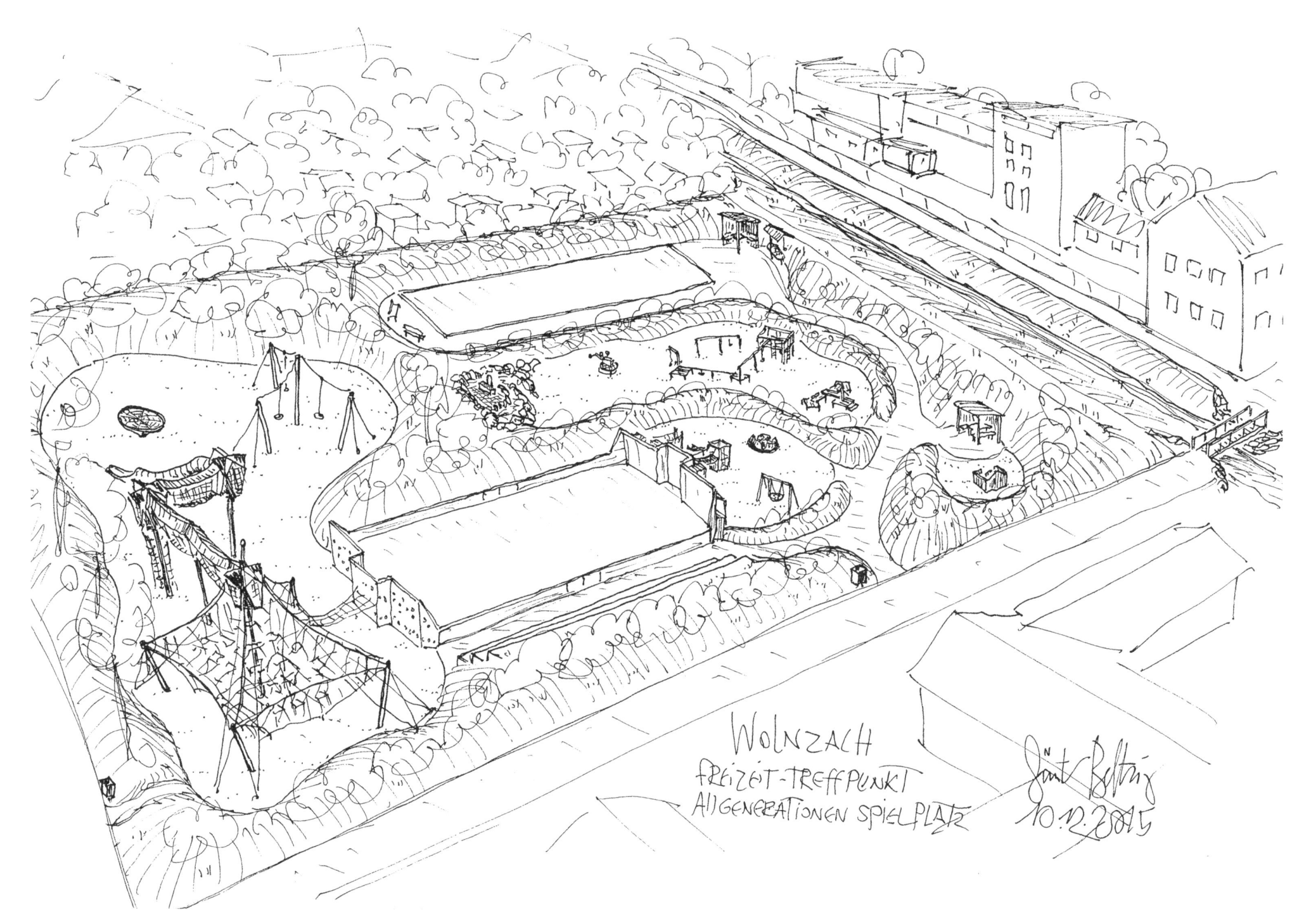

2. 1993-2015 귄터의 놀이터 둘러보기

1) 놀이터 소품

귄터는 발명가처럼 보일 때가 있다. 귄터의 놀이기구를 볼 때 그런 생각이 든다. 그가 만든 놀이터 곳곳에 소품처럼 자리 잡은 아기자기한 놀이기구들은 놀이터에 생기를 한껏 불어넣는 역할을 한다. 그는 오랫동안 깜찍하면서도 견고하고 놀이성이 뛰어난 놀이기구를 여럿 만들었다. 귄터의 놀이터 드로잉을 보다 보면 자주 나오는 것들이라 짧게 설명한다. 그의 놀이터 드로잉에서 가장 많이 눈에 띄는 놀이기구는 라운드어바웃(Roundabout)과 굴삭기(Excavator)이다. 이 둘의 견고함은 이루 말할 수 없다.

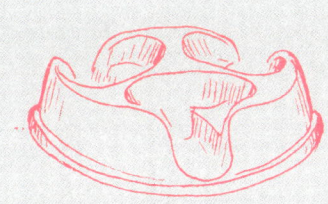

라운드어바웃은 회전놀이기구인데 집 마당에 두어도 좋을 정도로 아이 어른 모두 좋아하는 놀이기구이다. 라운드어바웃 하나만 있어도 놀이터 분위기가 환해짐을 여러 번 느꼈다. 회전력에 가속도가 붙으면 오히려 덩치가 크고 몸무게가 있는 형 누나들과 어른들이 버티지를 못하고 작고 가벼운 아이들이 착 달라붙어 회전의 즐거움에 한껏 빠질 수 있는 놀이기구이다. 소형 굴삭기는 귄터의 발명가 기질이 여실히 드러난 작품이라고 할 수 있다. 360도 회전할 수 있고 모래를 퍼 올려 한쪽에 쌓을 수 있는 무동력 미니 굴삭기이다. 어떻게 이런 것을 그 오래전에 생각하고 만들었는지 모래놀이터에 꼭 하나 있었으면 좋겠다는 생각이 절로 드는 놀이기구이다.

또 하나 자주 등장하는 것이 시소펌프(See-Saw Pump)이다. 혼자나 둘이 올라가 양쪽에 몸무게 전체를 번갈아 실으면 물이 뿜어져 나온다. 이렇게 뿜어져 나온 물은 물총처럼 멀리 뻗어 나가기도 하고 작은 골짜기를 따라 흐르는 물이 되어 보를 쌓고 터뜨리는 놀이의 중요한 원천이 된다. 실제로 온몸을 써야 하므로 기운을 쓰지 못해 안달하는 아이들한테는 좋은 놀이기구가 될 수 있어 흥미롭다. 물놀이에서 역할이 자연스럽게 나뉘어져 다툼이 줄어드는 기대도 할 수 있다.

이 밖에도 소리의 공명을 놀이기구에 담은 것도 있는데 30~40m 떨어진 곳에서 작게 말해도 상대방 목소리를 들을 수 있다. 이 포물선 반사경(Parabolic Reflectors)도 귄터의 놀이터에 종종 등장한다. 물놀이터에도 소품이 등장하는데 자주 보이는 것이 장대를 이용한 뗏목(Raft)과 줄로 연결된 뗏목 놀이기구이다. 흐르는 물 앞에 놓인 바가지 물레방아(Big Bucket Wheel)도 종종 보인다. 이 밖에도 휠체어 회전목마, 휠체어 그네, 휠체어 뗏목, 노인용 볼링기구, 세차장 놀이기구 등등 귄터의 놀이터 소품이 여럿이다. 이런 소품과 놀이터 전체를 보는 시각이 조화롭게 어울리면서 하나의 놀이터를 완성하는 것 같다. 귄터는 놀이터에 있는 놀이기구를 이렇게 정의한다. 그리고 귄터가 만든 놀이기구는 이 정의에 알맞다.

"사용법을 배울 필요가 없어야 놀이기구이다."

18.2.1991
Ferien Club Aldianos (Algerien)

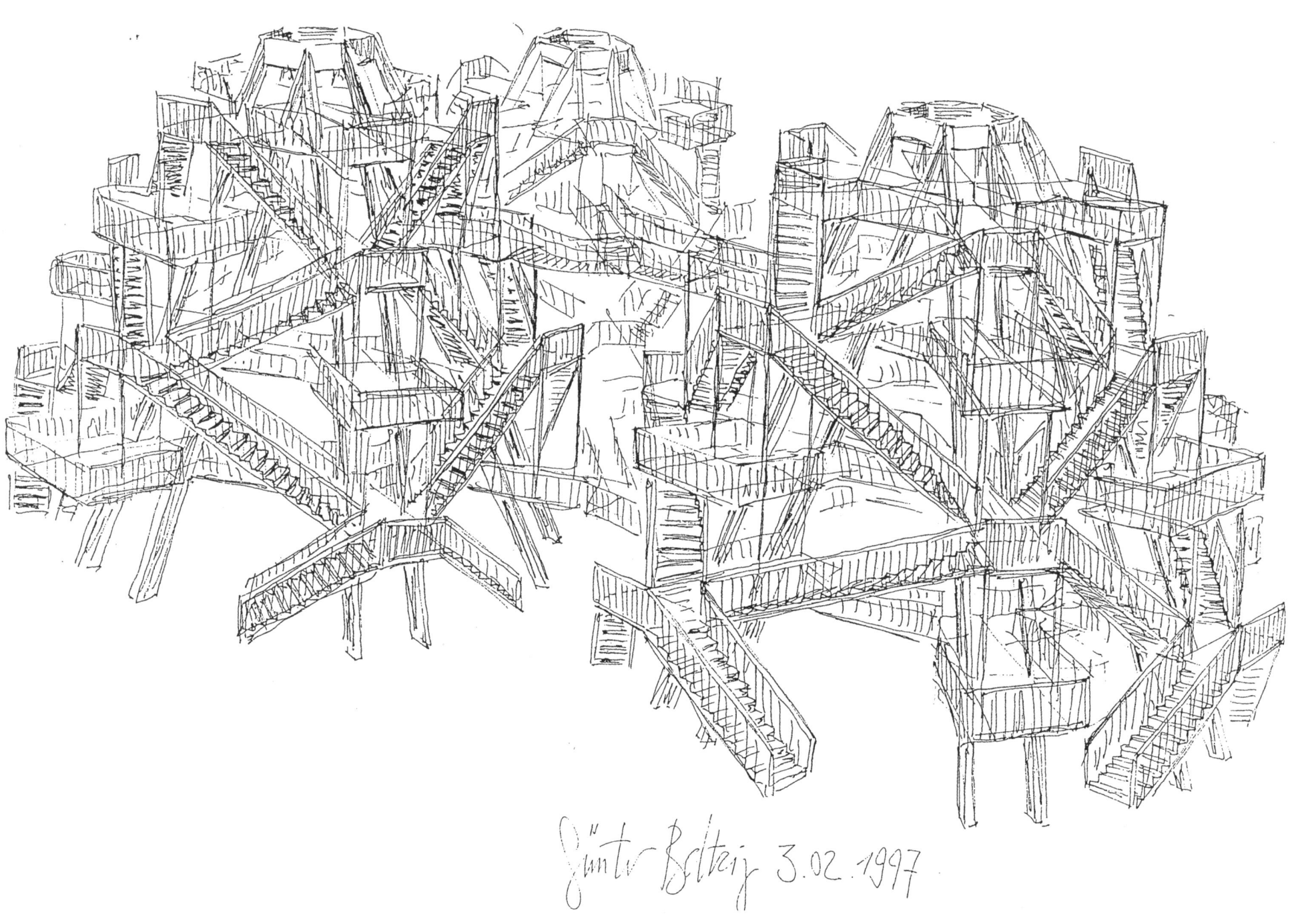

2) 공원 놀이터

    권터가 여러 해 걸쳐 디자인했던 약 15,000여 개의 놀이터 가운데 100여 개 놀이터를 과거에서 현재까지 시간순으로 살펴보려고 한다. 한 예술가가 평생을 한 작업이라 양도 많고 하나하나 소홀히 할 수 없는 것들이라 모으고 정리를 하는 데 시간이 오래 걸렸다. 처음에는 주제로 묶으려는 생각도 했으나 연대기 순으로 정리하는 쪽으로 마음을 먹었다. 아무래도 한 놀이터 디자이너의 흐름을 보고 느끼는데 이 방식이 좋을 것으로 판단했기 때문이다. 그림을 보는 분들께 하고 싶은 말은 한 장 한 장 시간을 두고 보고 또 보기를 권한다. 놀이터 공간을 어떻게 인식하고 그러한 생각이 긴 시간 속에서 어떻게 변해갔는지 그 생명력을 느낄 수 있으리라.

    그래서 나 또한 권터의 놀이터 드로잉 하나하나에 대한 설명을 길게 하지 않으려고 한다. 오히려 권터의 놀이터를 느끼는 데 방해가 될 뿐이라고 생각하기 때문이다. 놀이터 그림을 한 장씩 보면서 그때그때 변화가 있고 새로운 것이 나타나면 끼어들어 잠시 내 생각을 보태는 정도에서 머물려고 한다. 그림을 보고 머릿속으로 공간을 만들고 그렇게 생겨난 상상 속 놀이터에서 거닐고 뛰고 매달리고 미끄러지며 그 놀이터에 나온 다른 친구를 사귀어보기를 바란다. 놀이터 만드는 데 직간접으로 연관된 사람에게는 남다른 상상력을 불러일으킬 것이란 생각에 의심이 없다. 나 또한 권터의 그림을 보면서 놀이터에 대한 공간적 상상력에 날개를 달았음을 고백한다.

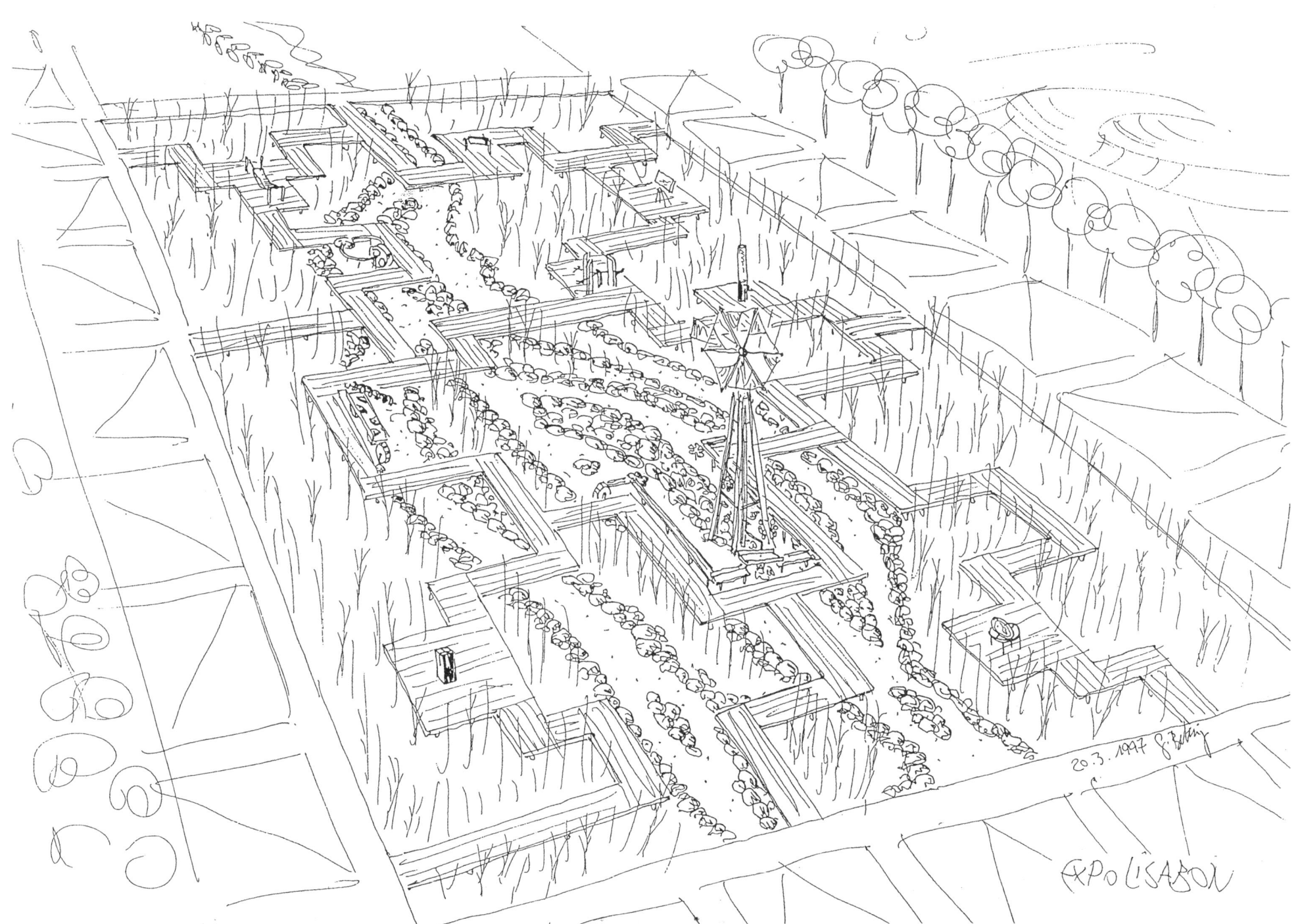

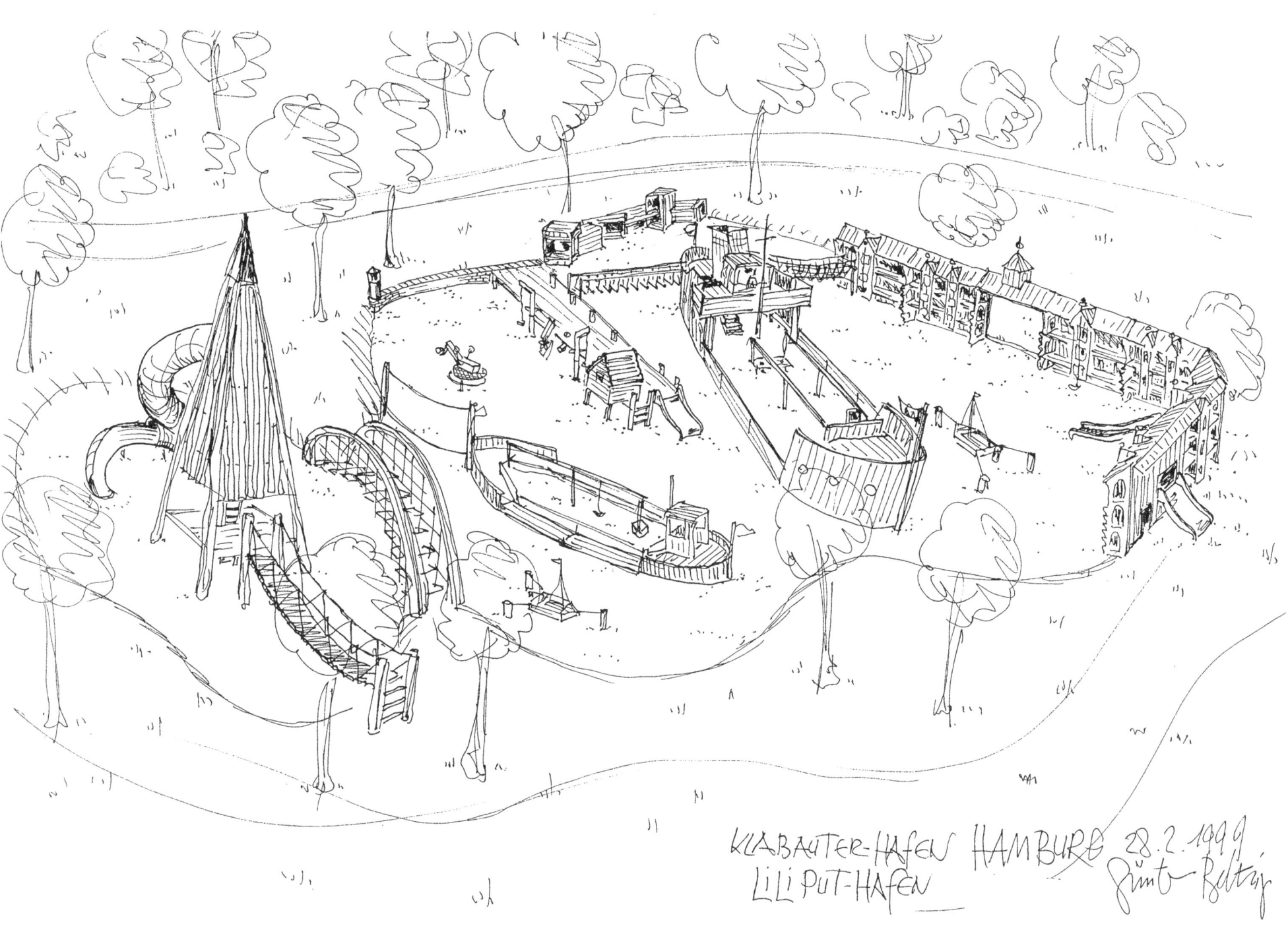

KLABAUTER-HAFEN HAMBURG 28.2.1999
LILIPUT-HAFEN

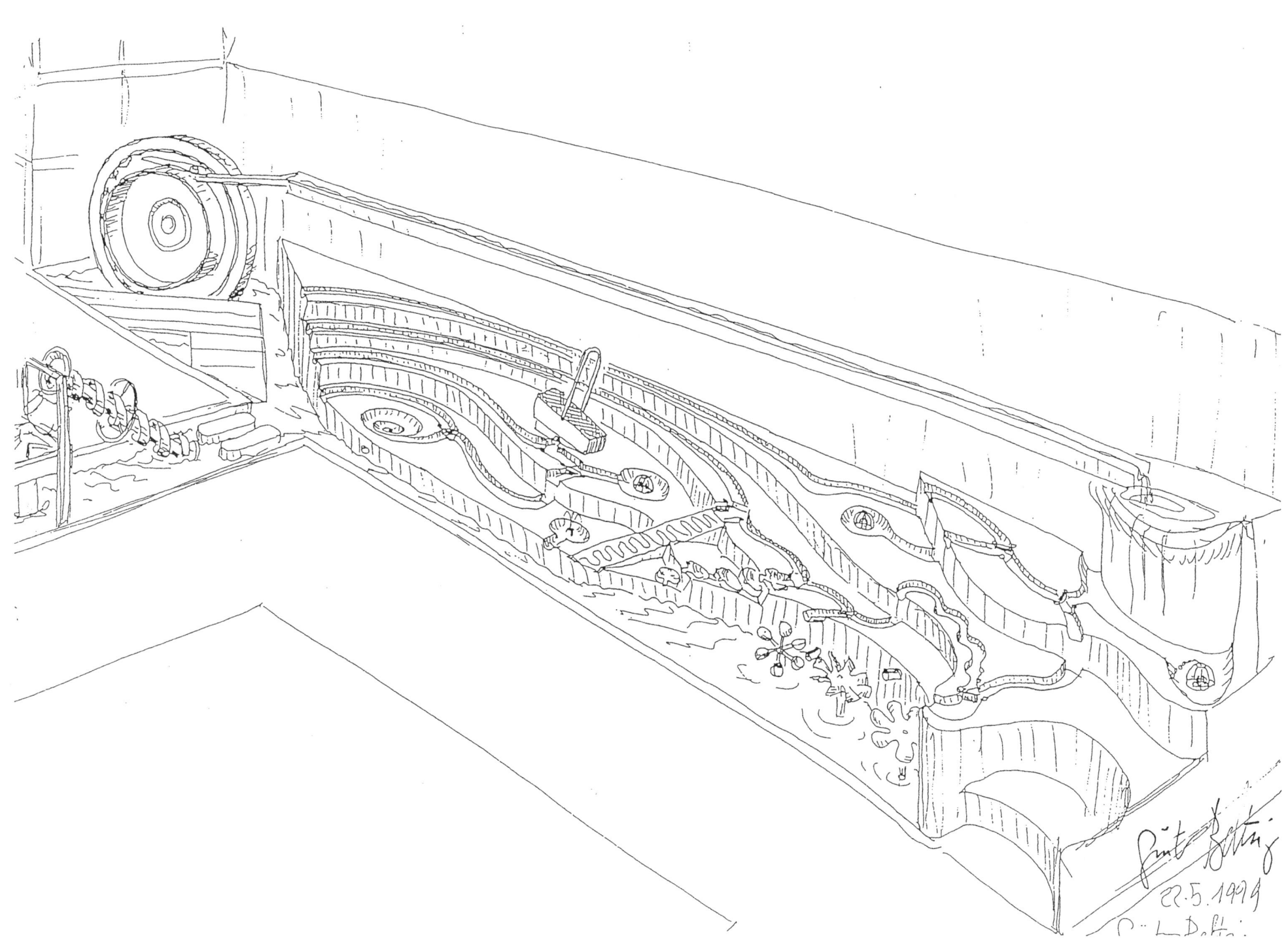

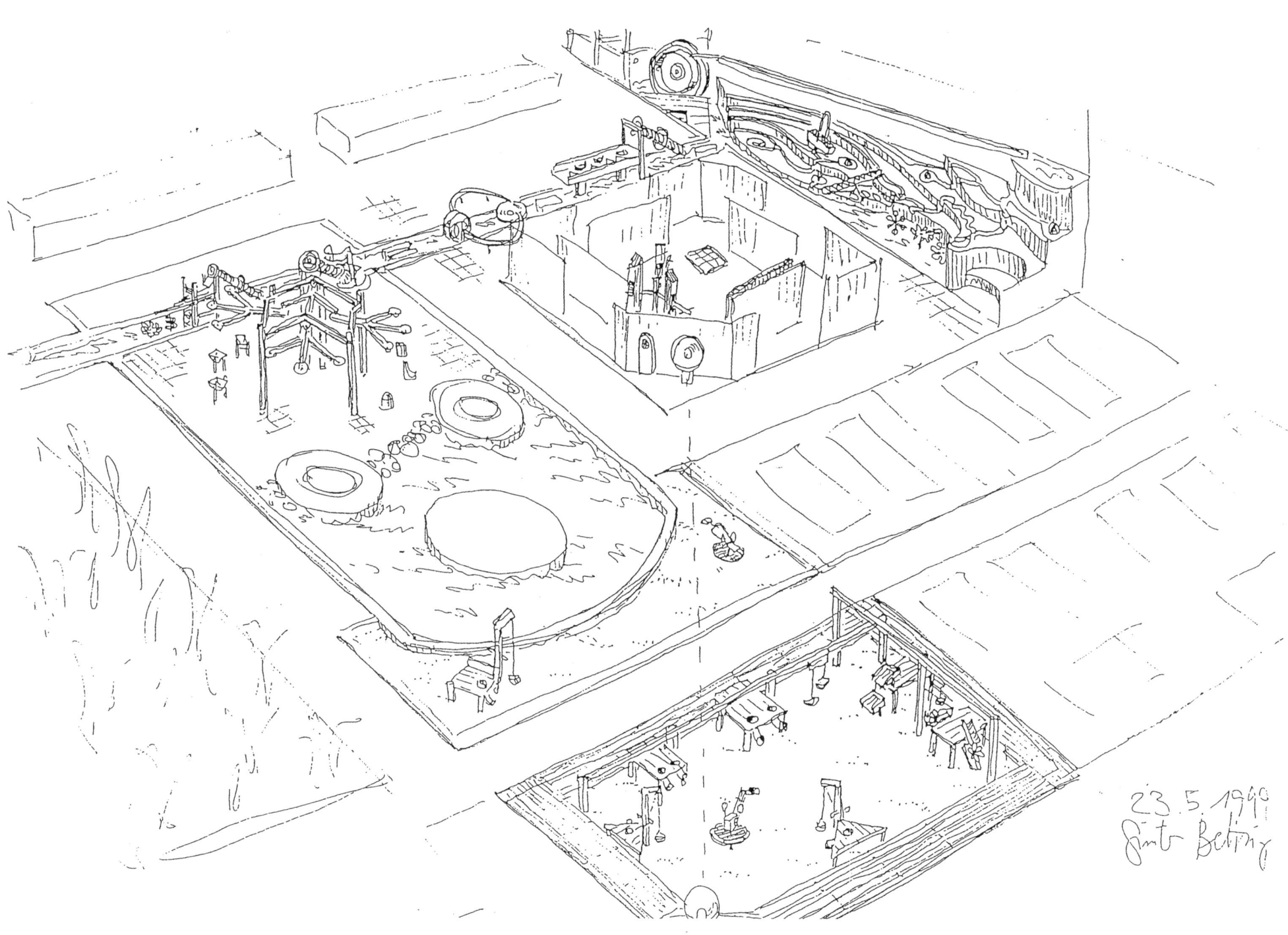

3) 놀이성(城)

권터는 어느 시점부터 놀이성이라고 이름 붙일 수 있는 그만의 독특한 놀이터 장르를 만들어낸다. 옛날 중세의 성을 모티브로 한 이런 놀이터의 모습은 우리에게는 조금은 낯설지만 유럽 아이들한테도 친근한 것 같다. 생각해 보라. 우리나라 성곽을 놀이터의 기본 골격으로 삼는다면 그곳은 흥미로운 장소가 될 것인지 아니면 반대의 경우가 될 것인지 말이다.

실제로 이런 놀이성을 만들어 놓은 유럽의 놀이터를 가보면 건축물로 존재하는 것이 아니라 아이들이 그 성곽을 안팎으로 뛰어다니며 중세 기사의 옷을 입고 다양한 무기를 들고 한쪽은 성을 지키고 또 한쪽은 함락하는 물리적 전투를 벌이며 논다. 아이들의 공격성을 자연스럽게 뿜어내게 하고 지혜를 모아 성을 지키는 놀이로 이어진다. 우리나라 또한 이런 놀이성 놀이터를 생각해 보는 것은 어떨까.

이런 놀이성은 일반적인 놀이공원이라기보다는 모험 놀이공원의 성격을 띤다고 할 수 있다. 놀이터의 규모 또한 아이들 사는 곳 가까이 있는 놀이터보다는 크다. 대도시에는 이런 놀이터가 필요하고, 중소도시도 재정을 감당할 수 있다면 가능한 일이지만 그보다 작은 행정 단위에서는 맞지 않는 놀이터일 수 있다. 작은 동네 놀이터의 경우라면 기존 놀이터 시설을 좀더 아이들 놀이에 적합한 공간으로 만들어가는 것이 좋을 것이다. 또 하나 생각해야 할 것은 이런 놀이성 놀이터가 일상적인 놀이터보다는 이용하는 아이들이 일정하지 않을 수 있다는 점도 고려해야 할 것이다.

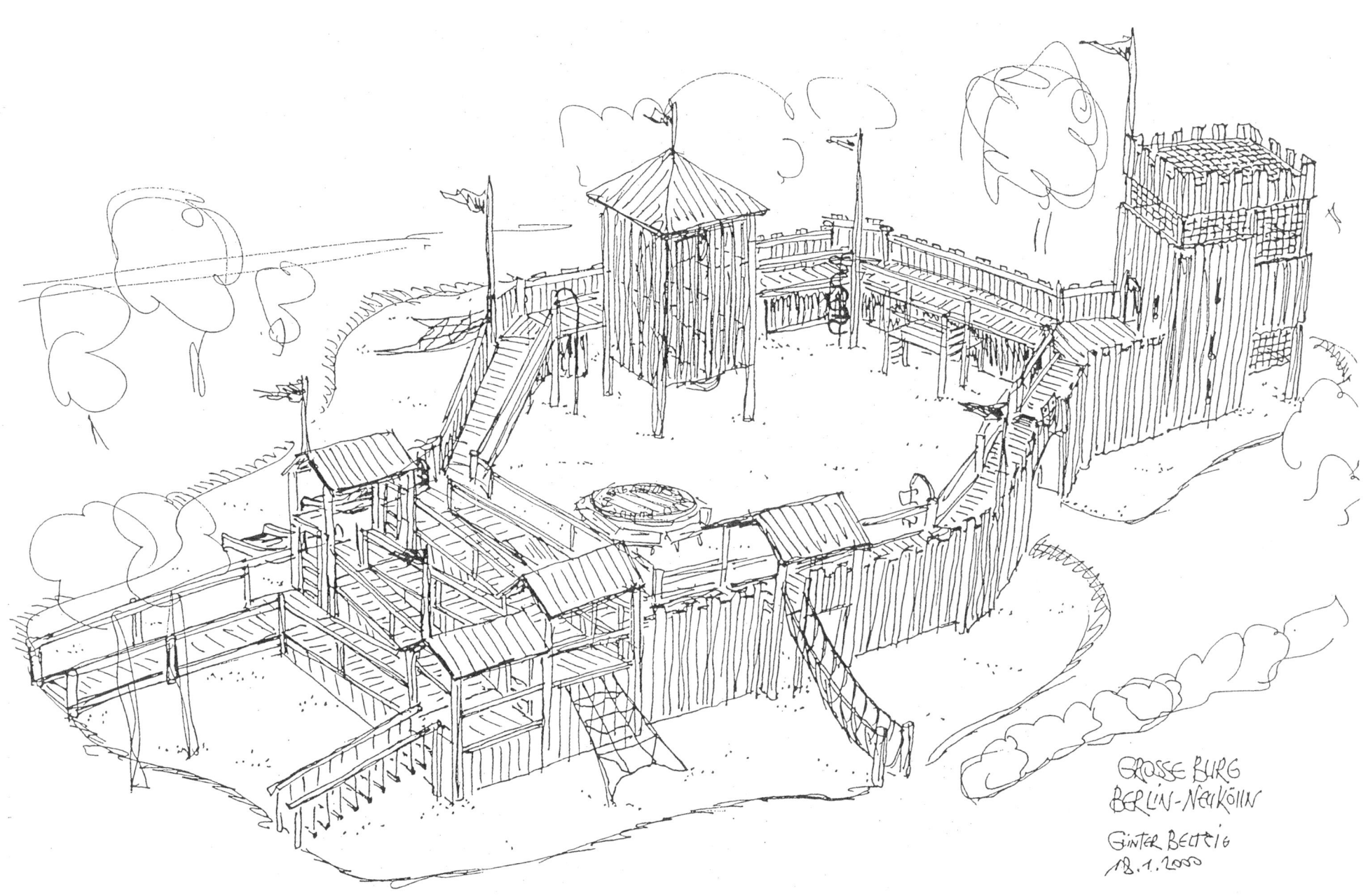

GROSSE BURG
BERLIN-NEUKÖLLN

GÜNTER BELTZIG
18.1.2000

4) 그물

권터의 놀이터에서 초기부터 최근까지 사라지지 않고 등장하고 개선되고 완성되어 가는 것이 그물놀이기구이다. 처음에는 단순한 연결을 시작으로 뒤로 오면 매우 입체적이고 기하학적인 모양을 하며 아이들에게 도전의 정도를 높여가는 남다른 매력을 만들어낸다. 특히 그물놀이기구의 정점이라고 할 수 있는 최근의 '하늘다리' 같은 경우를 보면 거의 완성된 느낌이 든다. 그물이라는 한 주제를 긴 시간 실험하고 응용하고 임상한 결과가 드러난 것이리라. 그물놀이기구의 장점은 아이들이 저마다 나름의 방식으로 접근할 수 있는 개방성에서 찾을 수 있다. 또한, 그물놀이기구는 어떠한 소재보다 변형이 쉬워 놀이기구로서는 영원히 사라지지 않을 소재란 것도 틀림없다. 한국의 놀이터에는 이러한 줄놀이 기구가 매우 부족한 실정이다. 올라가 보지도 않고 위험하다고 생각하는 사람이 뜻밖에 많기 때문이다.

5) 놀이뗏목과 놀이배, 놀이비행기, 새

2000년을 앞뒤로 권터는 새로운 놀이터 작업에 몰두하는데 그 직접적인 대상이 '배'였다. 북유럽이나 가까운 영국의 경우 해양을 끼고 살던 문화가 뿌리 깊어서 친근한 소재로 선택된 것 같다. 놀이터에 문화적인 요소가 담기는 것은 자연스러운 일이다. 우리는 놀이터에서 문화적인 것을 배제하는 쪽으로 거꾸로 가고 있어 걱정이다. 이런 지정학적 문화 특성과 아이들이 큰 선박 안팎의 구조에 흥미를 느낀다는 것을 권터는 알았다. 그 대표작이 아마 2001년 영국 런던 켄싱턴 '다이애나 왕세자비 추모 놀이동산(Diana Memorial Playground)'에 세운 '배놀이터'일 것이다. 당시로써는 실제 선박 크기의 배 한 척이 그 자체로 놀이기구 역할을 할 수 있다는 획기적인 발상이었다. 이후 권터가 만드는 놀이터 곳곳에 배에 관한 상상력이 녹아드는 것은 자연스러운 일이 된다.

한쪽에는 모래와 진흙놀이를 할 수 있는 곳도 만들어 배와 물이라는 것을 친근하게 잇는 놀이터 모델이 만들어진다. 그러나 놀이배는 한 가지 커다란 한계가 있었다. 물에 뜰 수 없다는 다시 말해 불구의 배라는 점이다. 놀이터에 그냥 가져다 놓은 것뿐이다. 사람들이 배에서 느낄 수 있는 출렁임과 흔들림을 느낄 수 없다는 것이 큰 한계였다. 이를 보완해 무릎 정도 오는 얕은 웅덩이를 파고 그 위에 놀이뗏목을 띄운 놀이터를 만들어낸 것도 이즈음이다. 놀이뗏목은 아이 한둘이 올라가 발을 벌려 시시각각 중심을 잡으며 장대로 동력을 만들어 움직이는 놀이기구로 아이들한테 무척 사랑을 받았고 지금 영국이나 다른 나라의 모험놀이터에서 흔하게 볼 수 있을 만큼 퍼졌다. 이러한 흐름은 나중에 놀이뗏목과 놀이배의 장점을 한데 살려 실제 크기의 배를 물 위에 띄워 놀이기구로 삼는 것으로 확장된다.

비행기놀이터도 잠깐 이야기해야겠다. 권터가 만들었던 배놀이터가 비행기로 옮겨오면서 만들어진 놀이터라고 할 수 있다. 이 놀이터의 기본 개념은 공항이다. 관제탑과 크고 작은 비행기를 놀이기구로 묶어 하나의 놀이터로 완성했다. 특히 남다른 것은 비행기 윗부분을 모두 개방하여 아이들이 안이나 밖을 넘나들 수 있게 한 점이다. 날개와 꼬리가 미끄럼틀로 자연스럽게 쓰이게 만든 점도 눈에 띈다. 매우 흥미로운 장소는 조정석이다. 조정석 전면을 완전히 열어 젖혀 시원하게 볼 수 있는 시야를 확보해 주었다. 이 비행기놀이기구의 단점은 앞서 보았던 배놀이터와 마찬가지로 원래는 움직이고 날아다니는 것을 땅에 붙잡아 놓은 데 있다. 이러한 아쉬움은 '비행하는 공룡(FLUGSARIER-Ornithopter)' 작업으로 이어진다. 아이들이 커다란 새 놀이기구 가까이 가려고 그물을 잡고 당기고 오르면 그 힘이 새의 날개에 전달돼 날갯짓하도록 만든 놀이기구이다.

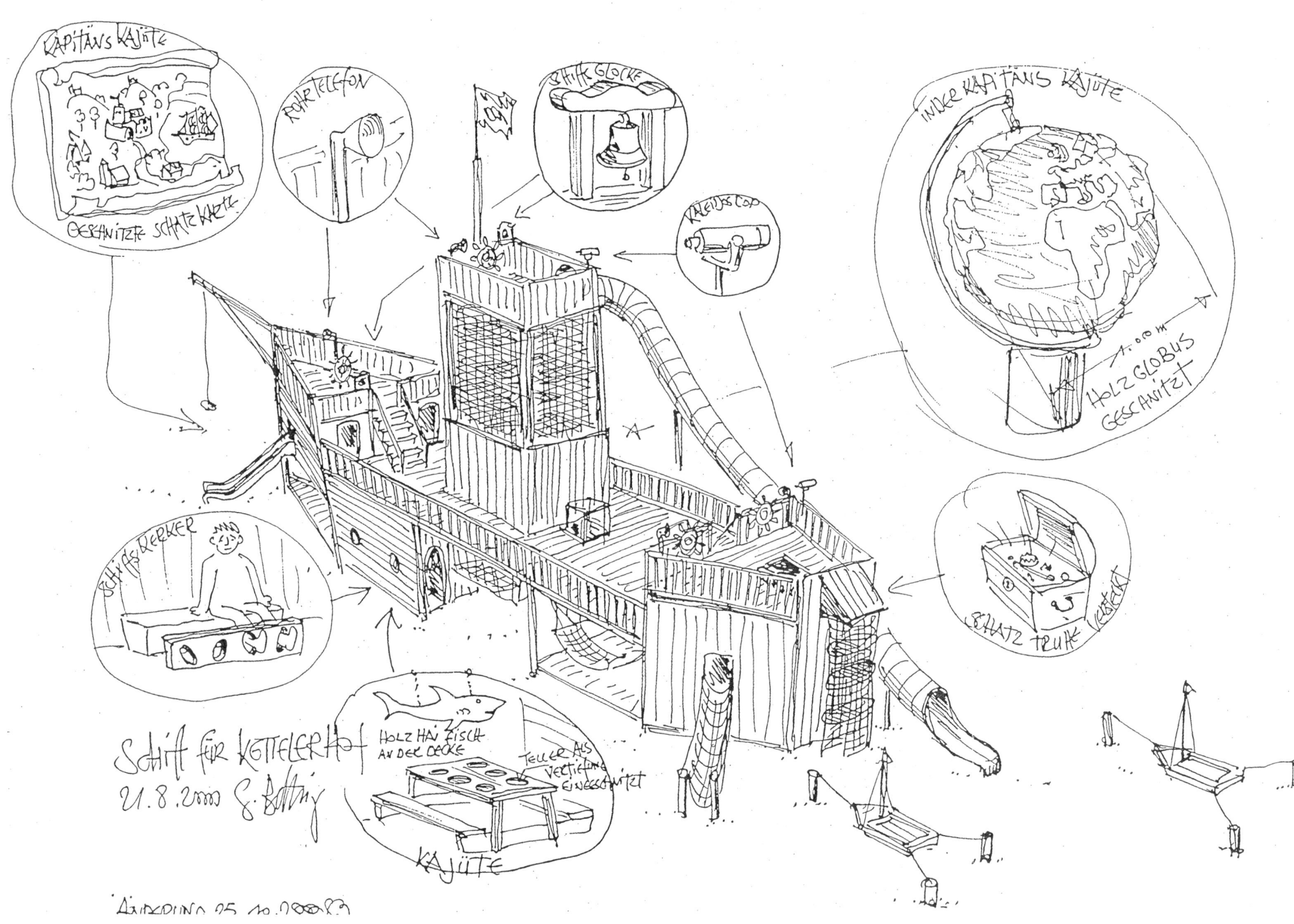

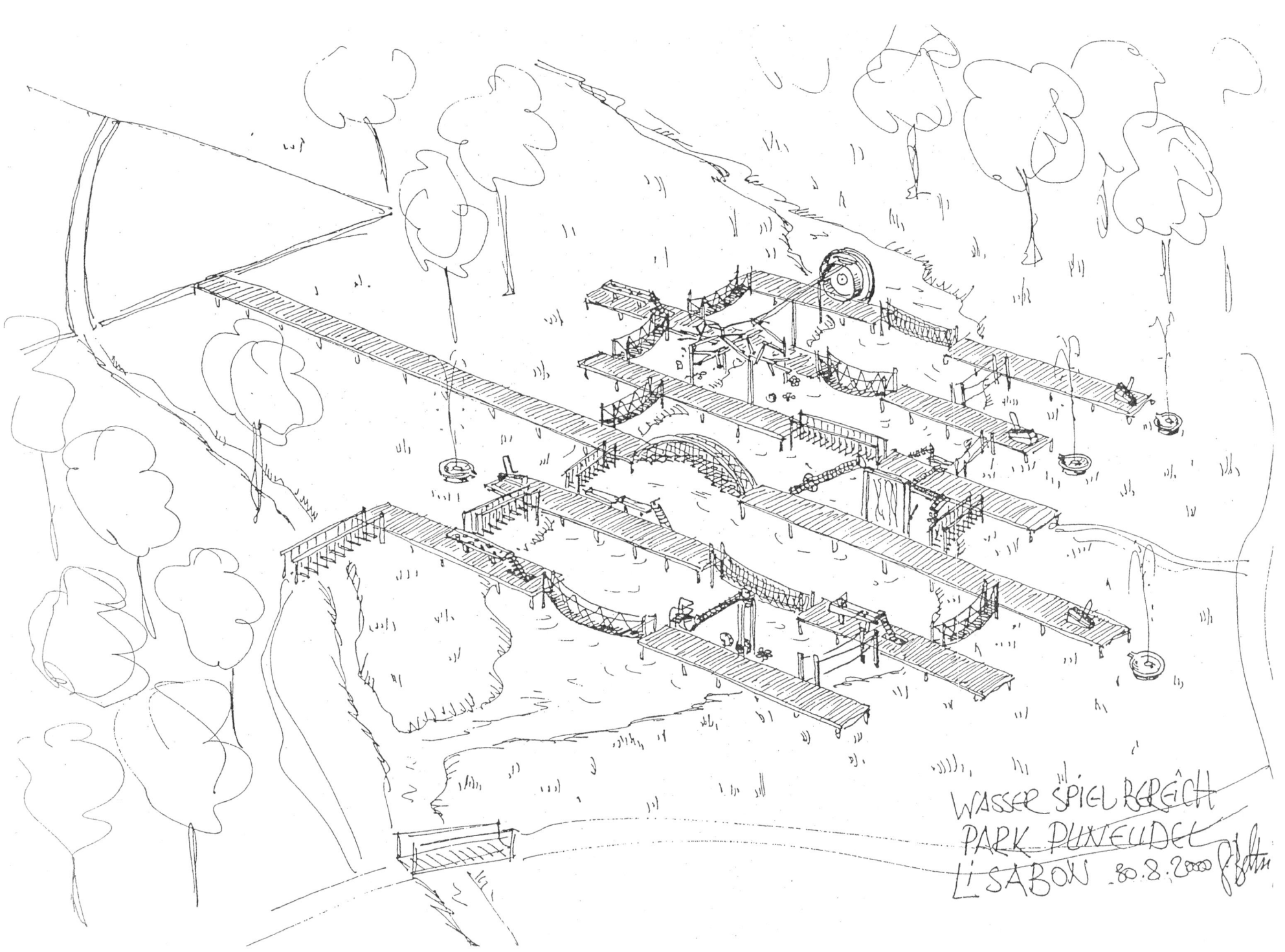

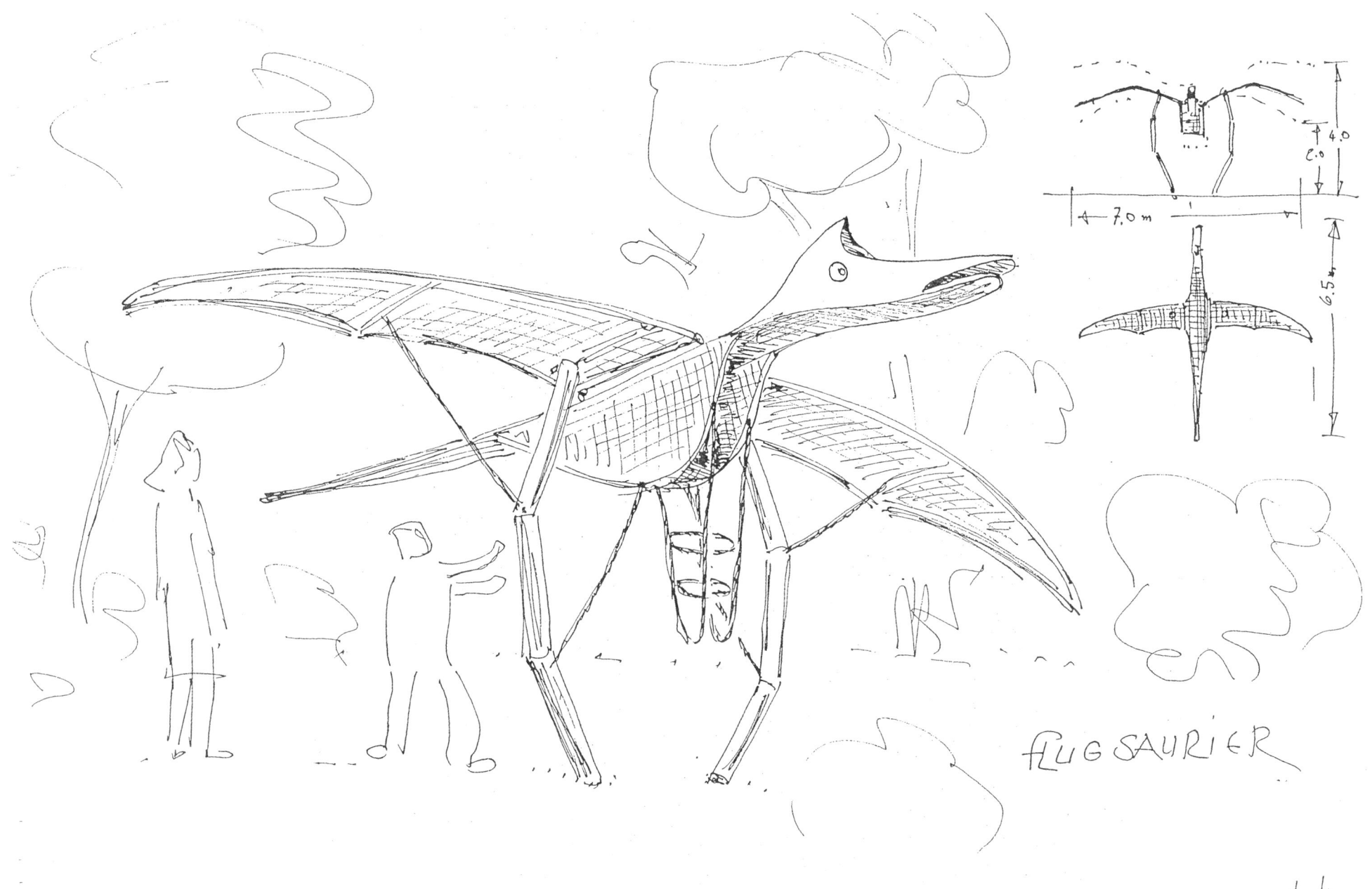

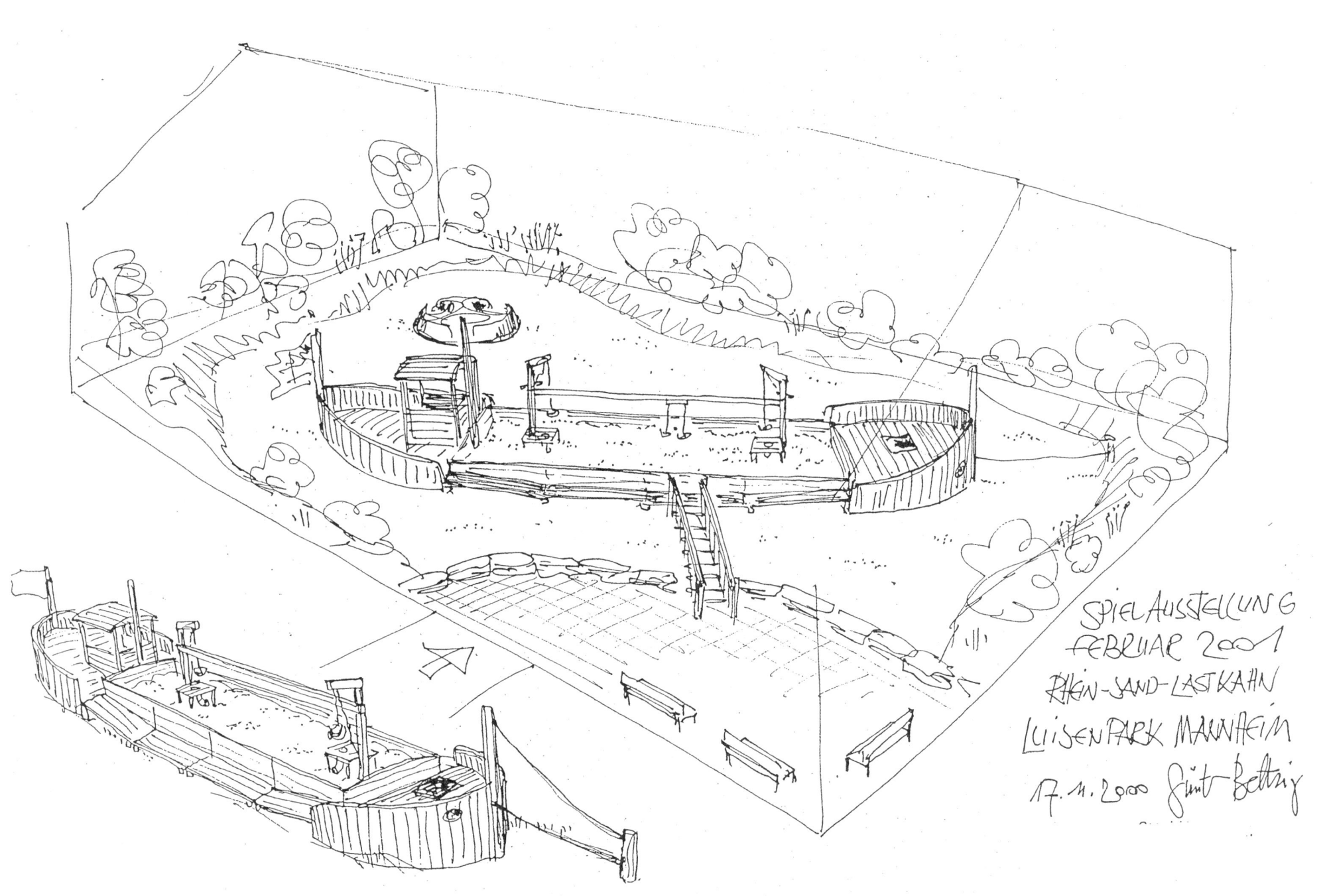

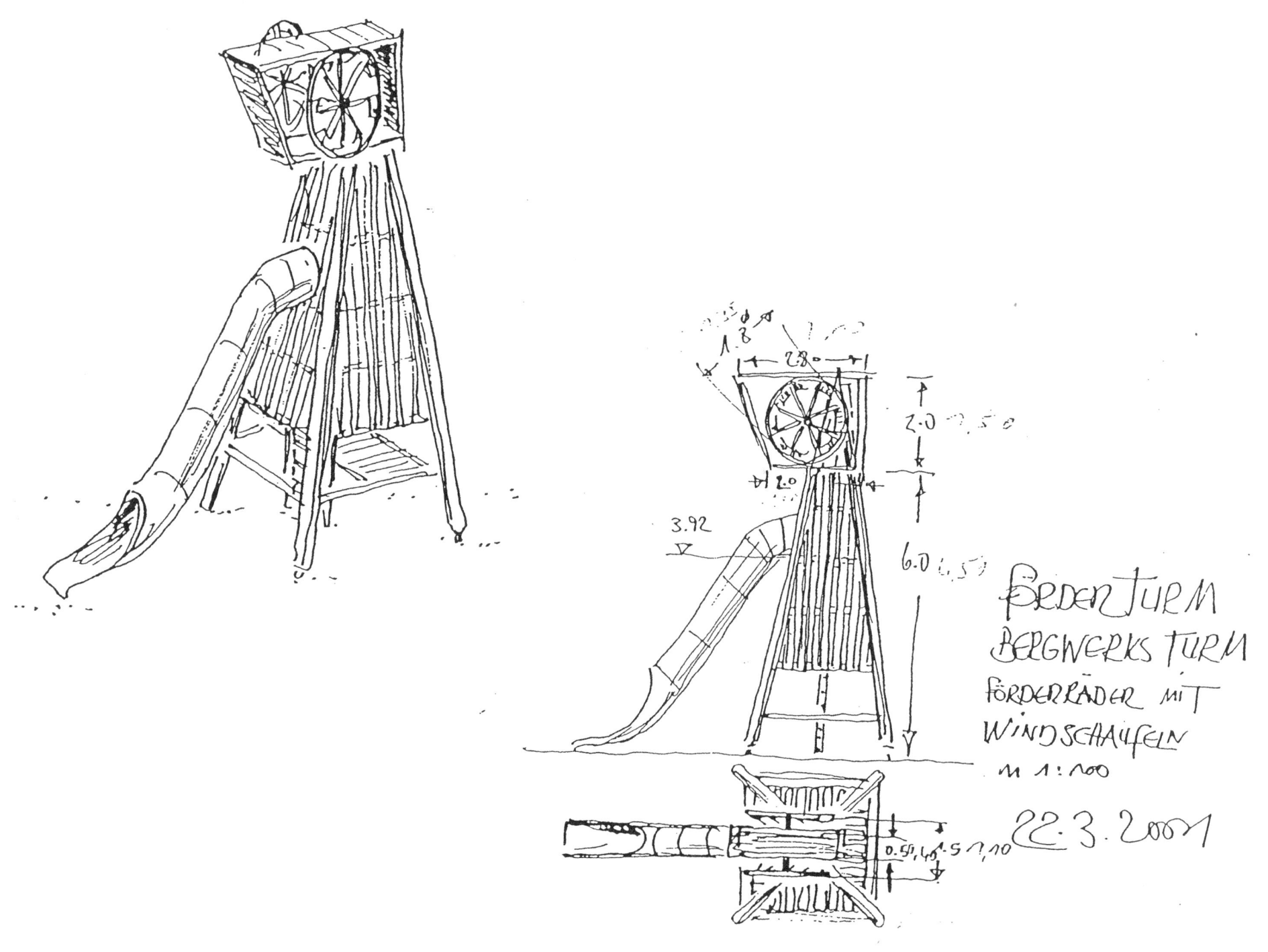

6) 실험놀이 또는 기술놀이

논다는 것을 다른 말로 한다면 실험한다는 것과 같다. 귄터는 실험놀이터라 이름 붙인 장르를 새롭게 시작한다. 기술놀이터라고도 할 수 있는데 놀면서 기계적 물리적 메커니즘을 이해할 수 있는 놀이기구와 놀이터를 만드는 데 집중하는 시기이다. 귄터는 손으로 하는 작업이나 기술을 아주 중요하게 여겼다. 학교에서 이런 손작업을 배울 수 있어야 마땅하고 그것을 막고 있다면 교육이 아니라고까지 귄터는 말한다.

"삶을 위해 배운다는 것은 중요한 일을 내 손으로 해내고, 창의적으로 무언가를 디자인하고 주변의 물건을 자기 욕구대로 필요에 따라 알맞게 고치고 만들고 수선하는 법도 배운다는 뜻이다. 그래서 학교에서 이런 일들을 가르쳐야 한다. 자동차를 어떻게 수리하는지, 전등, 레인지, 냉장고, 컴퓨터, 수도꼭지가 왜 고장 나고 어떻게 고치는지 또는 제품 사용설명서를 어떻게 이용하는지, 찬장을 만들 때 주의해야 할 점은 무엇인지, 일반 공구를 어떻게 사용하는지, 톱, 펜치, 드라이버를 어떻게 사용하는지, 어떤 재료가 어디에 적합한지, 무엇이 위험한지 등.

이런 손기술 지식과 실생활에서 옳은 것과 잘못된 것을 구분하는 지식은 지금 이론과 설명 위주로 이루어지는 교육제도 안에서 빨리 쉽게 외우지 못하고 질문에 똑똑하게 대답하지 못해 뒤떨어지고 멍청하다고 분류되는 아이들에게 몹시 중요한 주제이다. 교육제도 안에서 이런 손작업 기술과 지식도 이론이나 언어적 지식과 동등한 가치로 인정되고 교육할 때만 아이들이 사회와 환경제도 안에서 살아갈 수 있다."

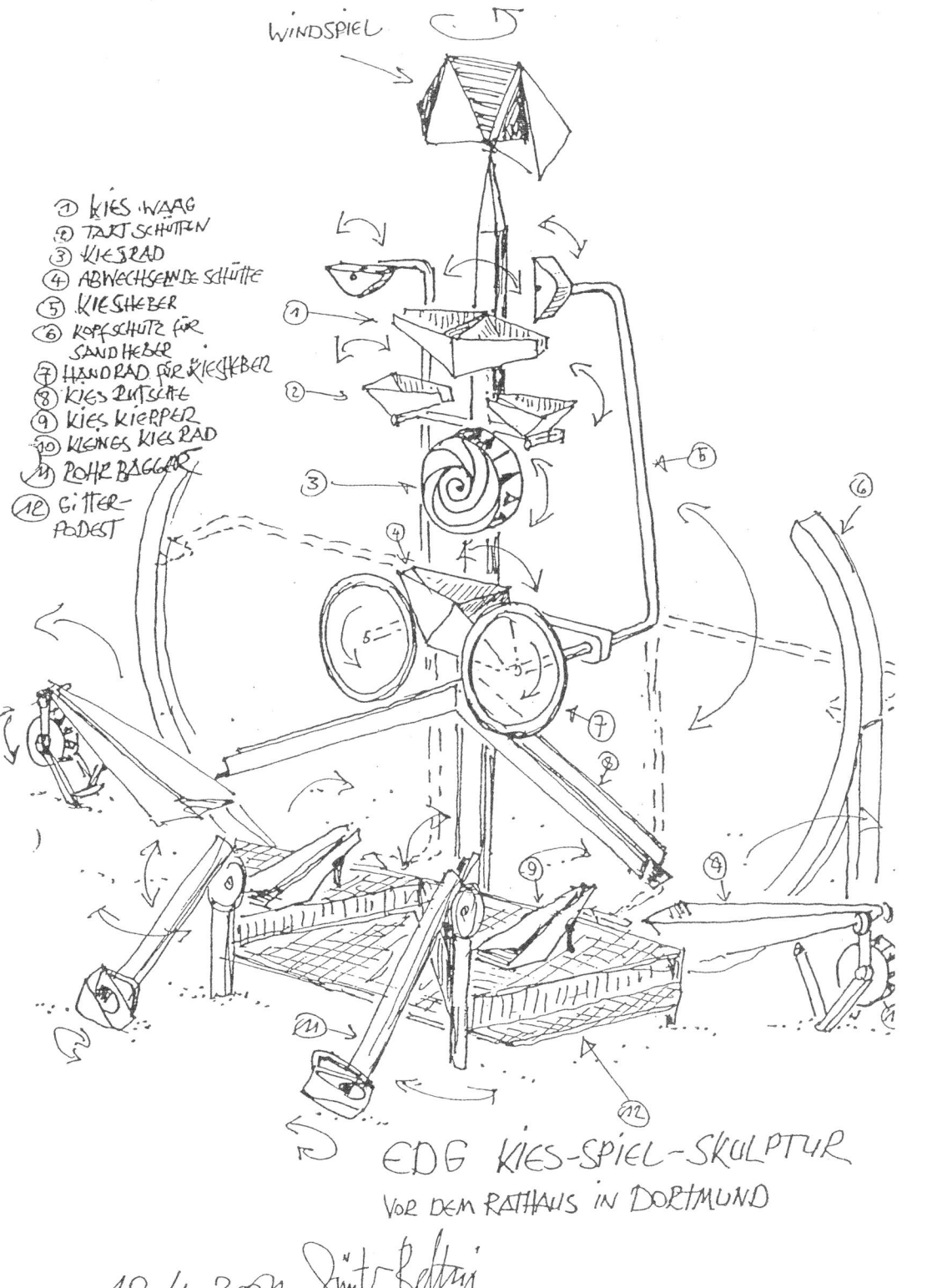

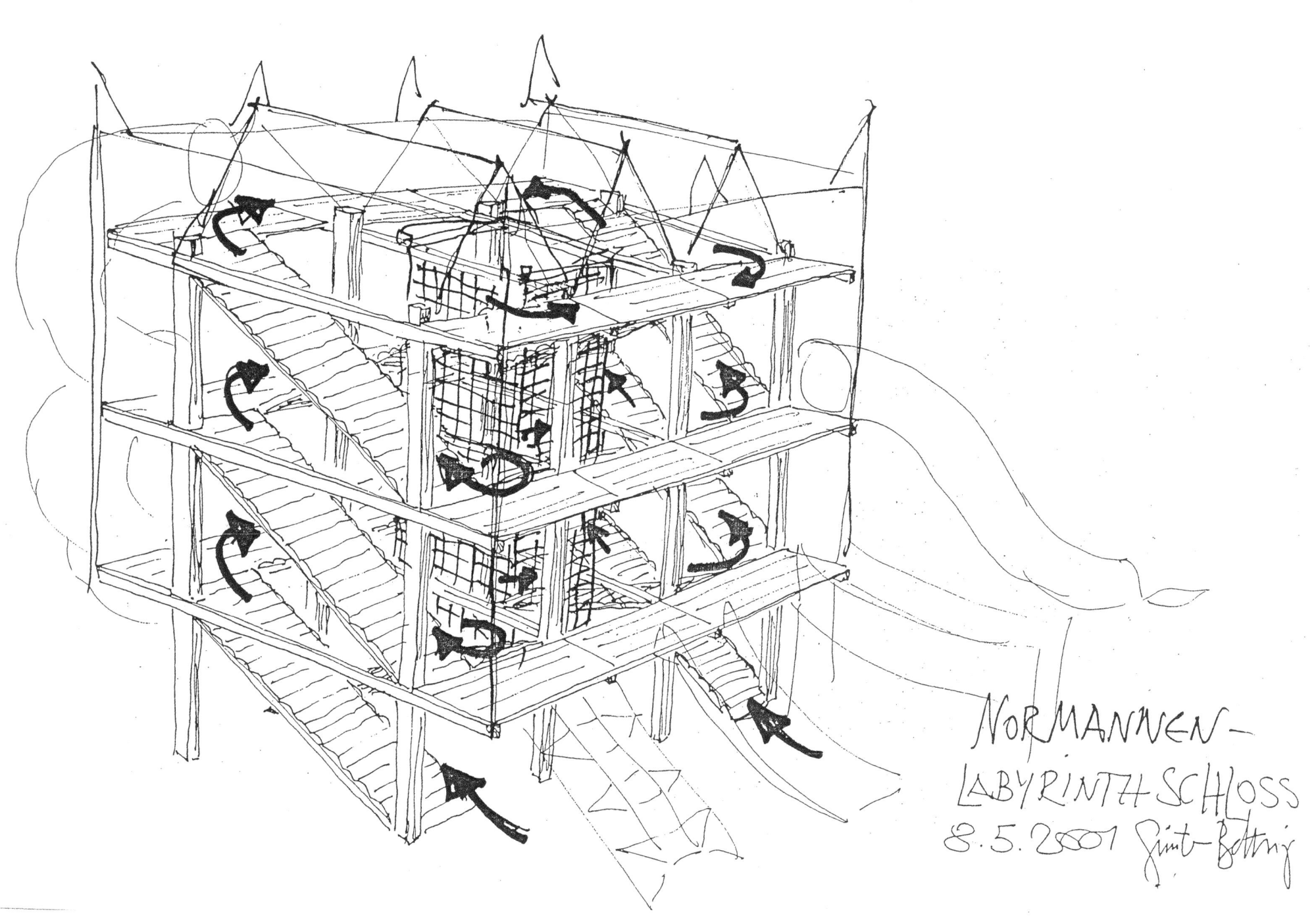

Spielplatz für kleine Kinder
Burg-Park Linn
Krefeld
21.5.2001

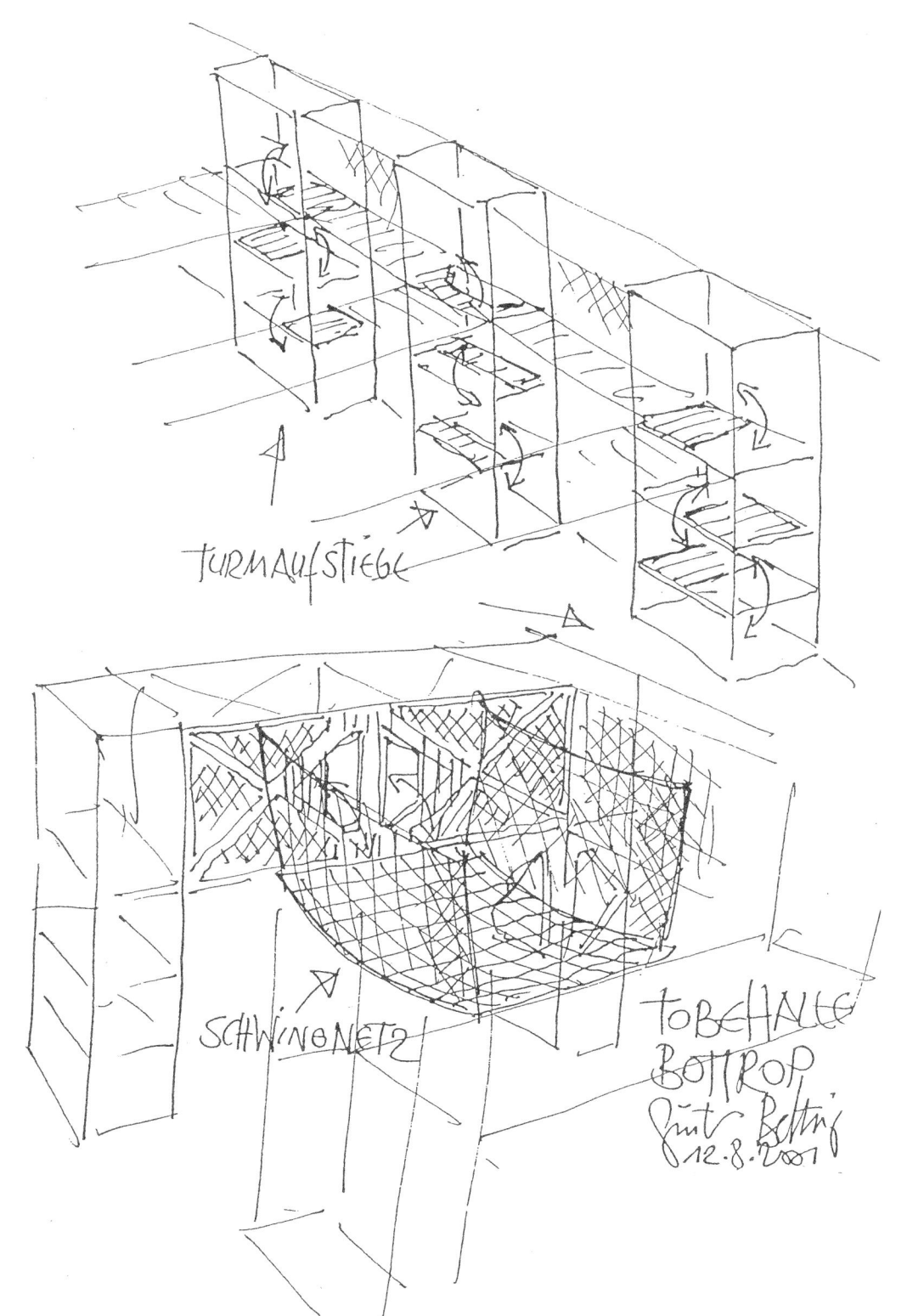

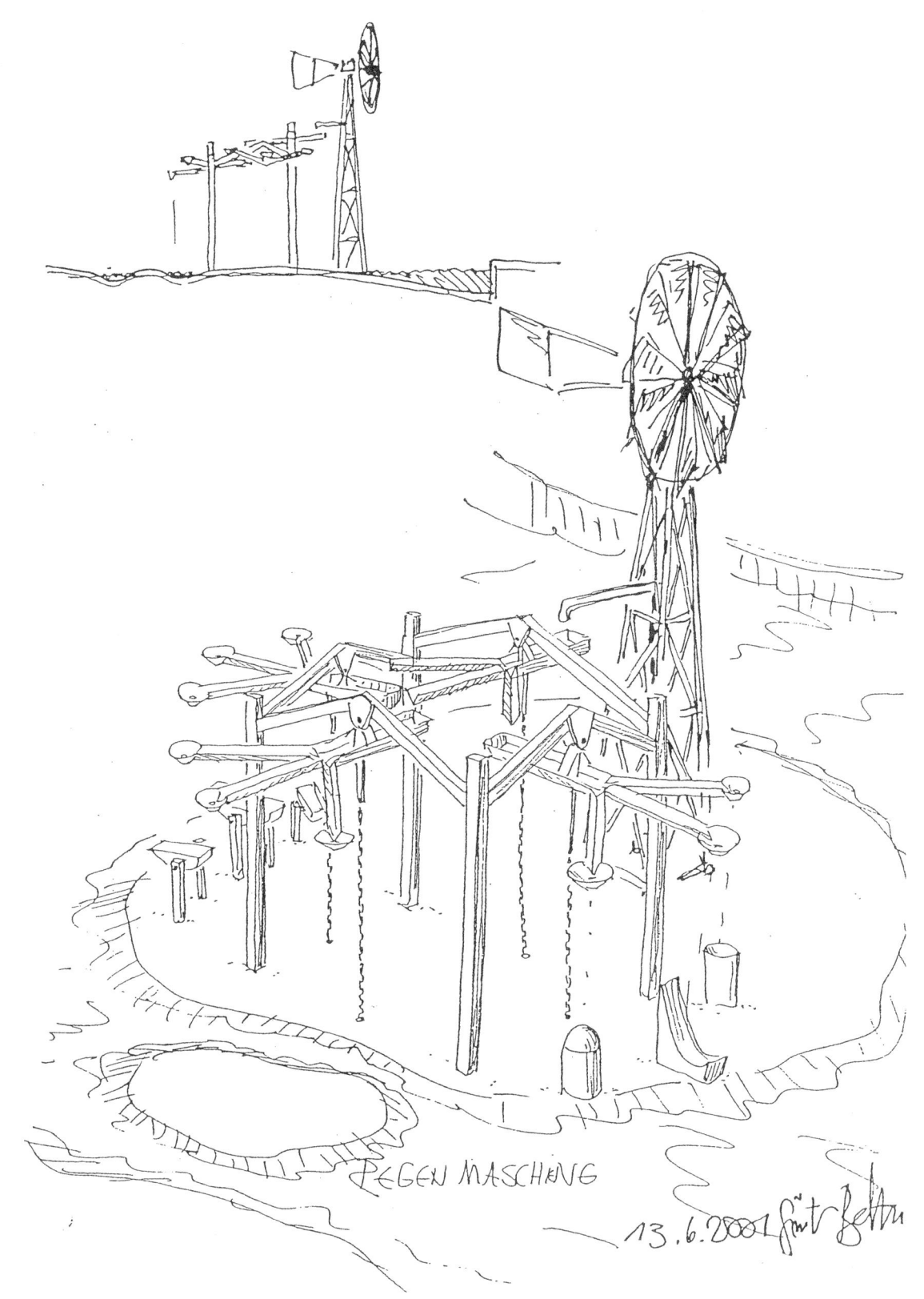

REGEN MASCHING

13.6.2001

Schwedischer Spielbauernhof

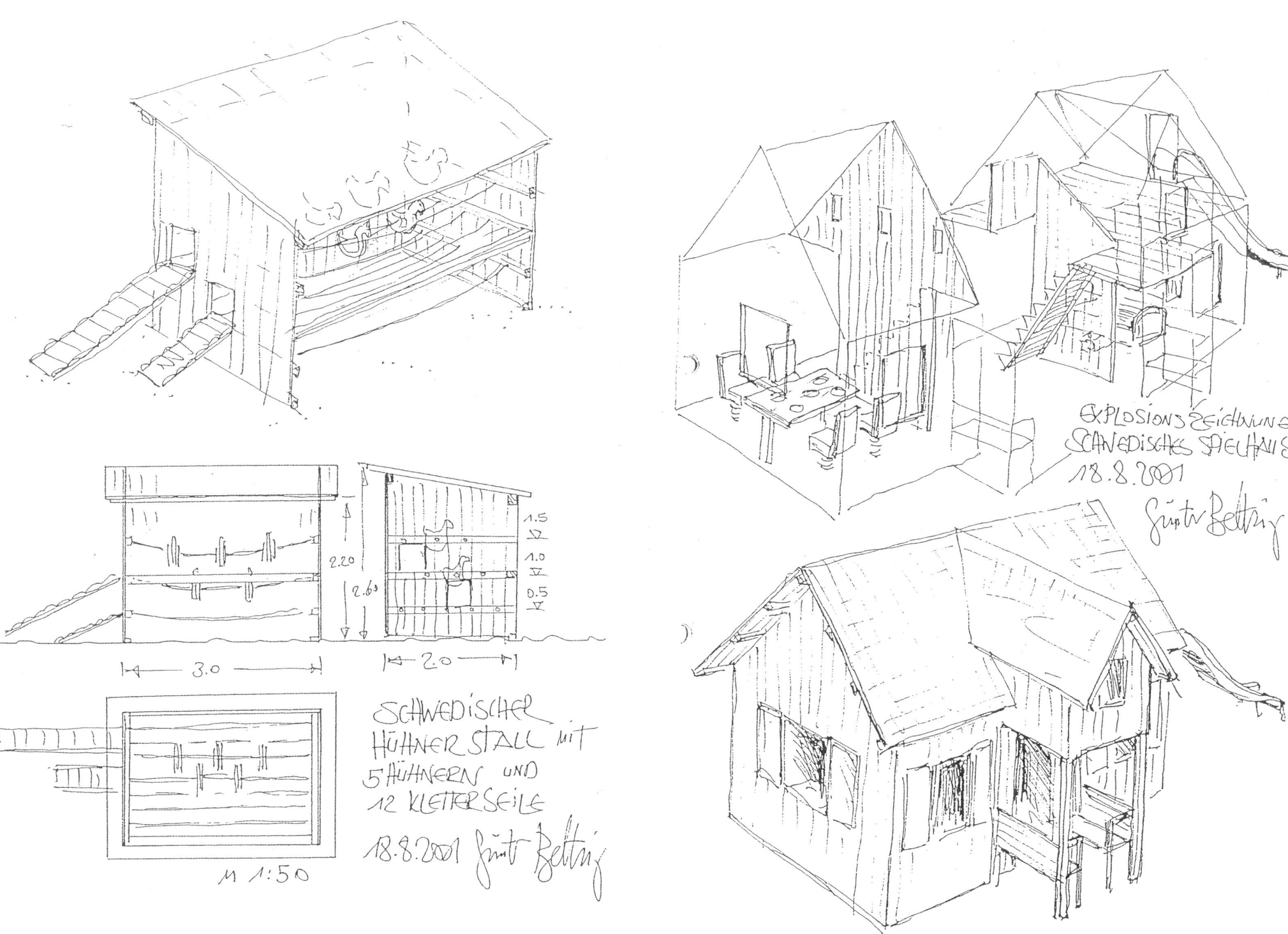

7) 복합놀이터

　2000년을 넘어서면서 귄터의 놀이터 디자인에 변화가 온다. 앞서 귄터가 만들었던 놀이기구와 놀이성, 그물, 놀이배 등등의 요소가 하나의 놀이터 안에 안정적으로 자리를 잡는 이른바 '복합놀이터'가 선보인다. 쉽게 말해 한쪽에는 모래와 자갈을 재료 삼아 놀 수 있는 흙과 진흙 자갈 놀이터가 또 한 쪽에는 놀이성과 대형 스테인리스강관 미끄럼틀이 결합한다. 그리고 또 한쪽에는 놀이뗏목과 범선이 어울린 작은 항구가 만들어지고 그 위쪽에는 물에너지를 직접 다루고 경험할 수 있는 곳이 자리잡는다. 이 여러 놀이 요소가 한 놀이터에 모여 있는 매우 드문 놀이터 형태가 이즈음 발생했다.

　아이들은 옮겨 다니면서 놀 수도 있지만, 그날그날의 심리적 상태에 따라 깊고 얕은 물을 선택할 수가 있고 모래나 자갈을 선택할 수도 있다. 때로는 놀이성에 올라 미끄럼틀을 타면서 일반적인 놀이터에 왔다는 안도감을 느낄 수도 있다. 복합놀이터는 이러한 것들을 한 장소 가까운 곳에 배치해 아이들의 자유로운 선택을 돕는다. 이런 방식을 쓴 대표적인 놀이터를 꼽자면 2001년에 '네모 선장의 잠수함'을 모티브로 만든 놀이터가 있다. 배 대신 잠수함을 한쪽에 배치한 것이 남다르다.

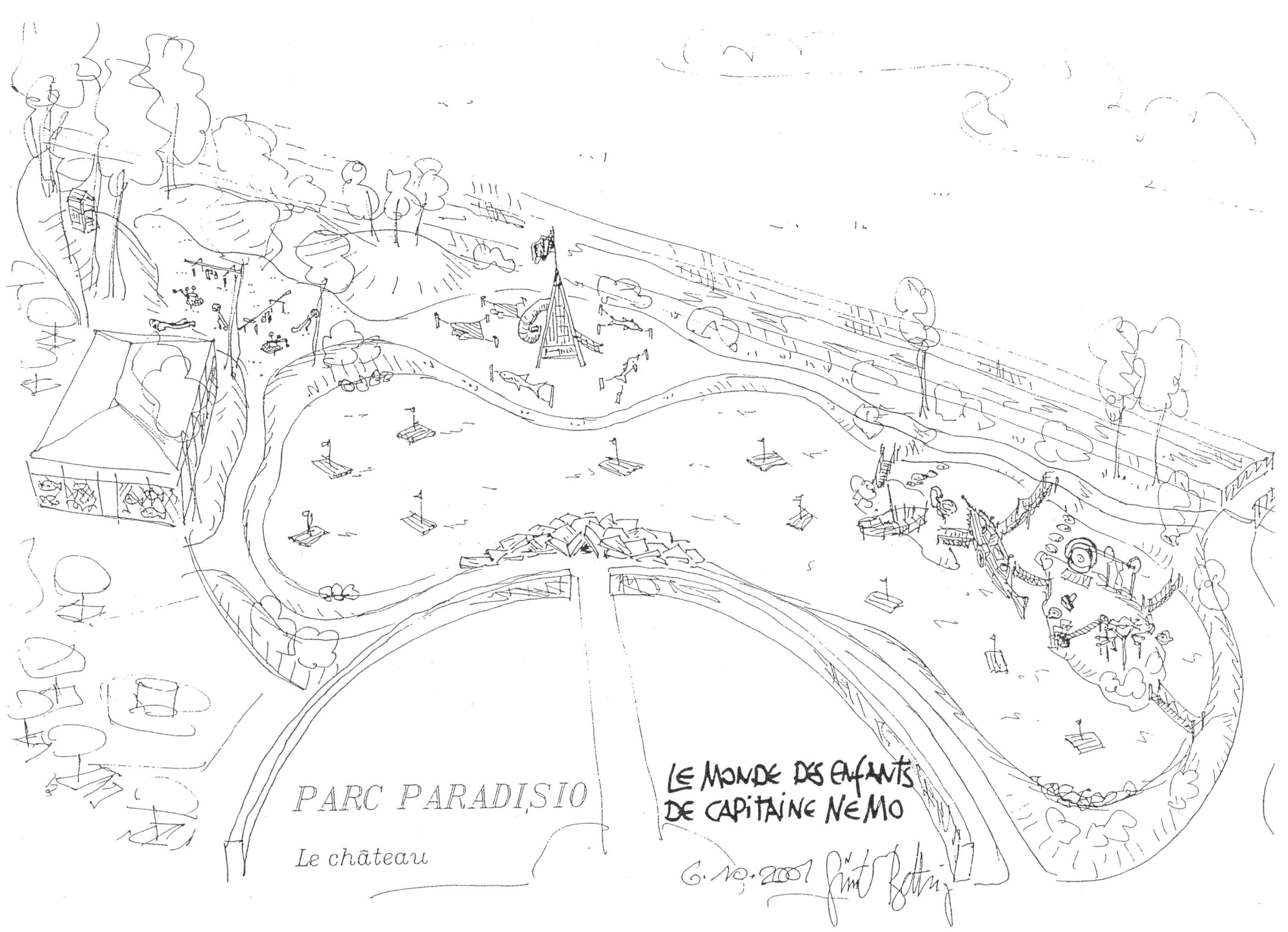

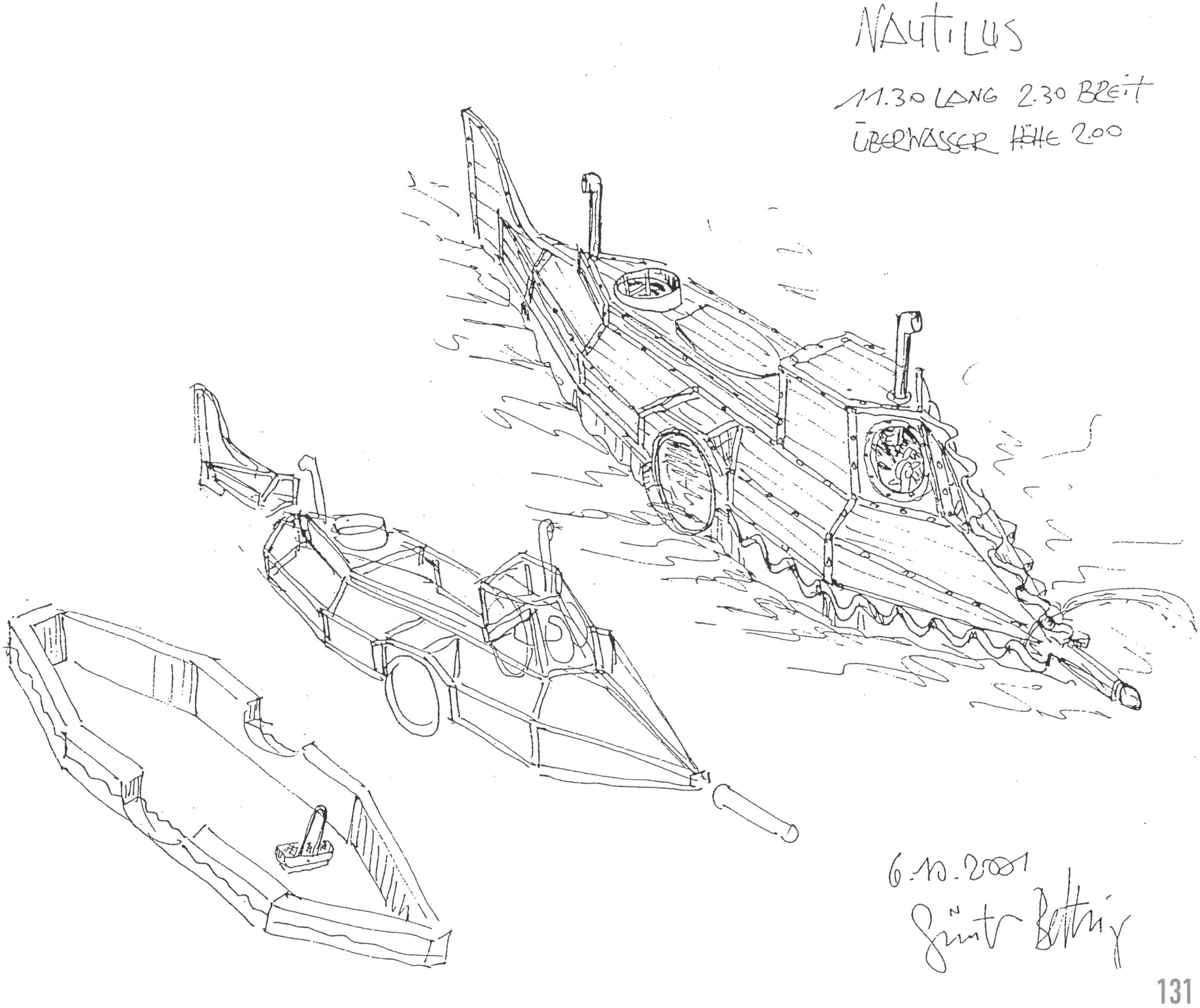

NAUTILUS
11.30 LANG 2.30 BREIT
ÜBERWASSER HÖHE 2.00

6.10.2001
Günter Böttrig

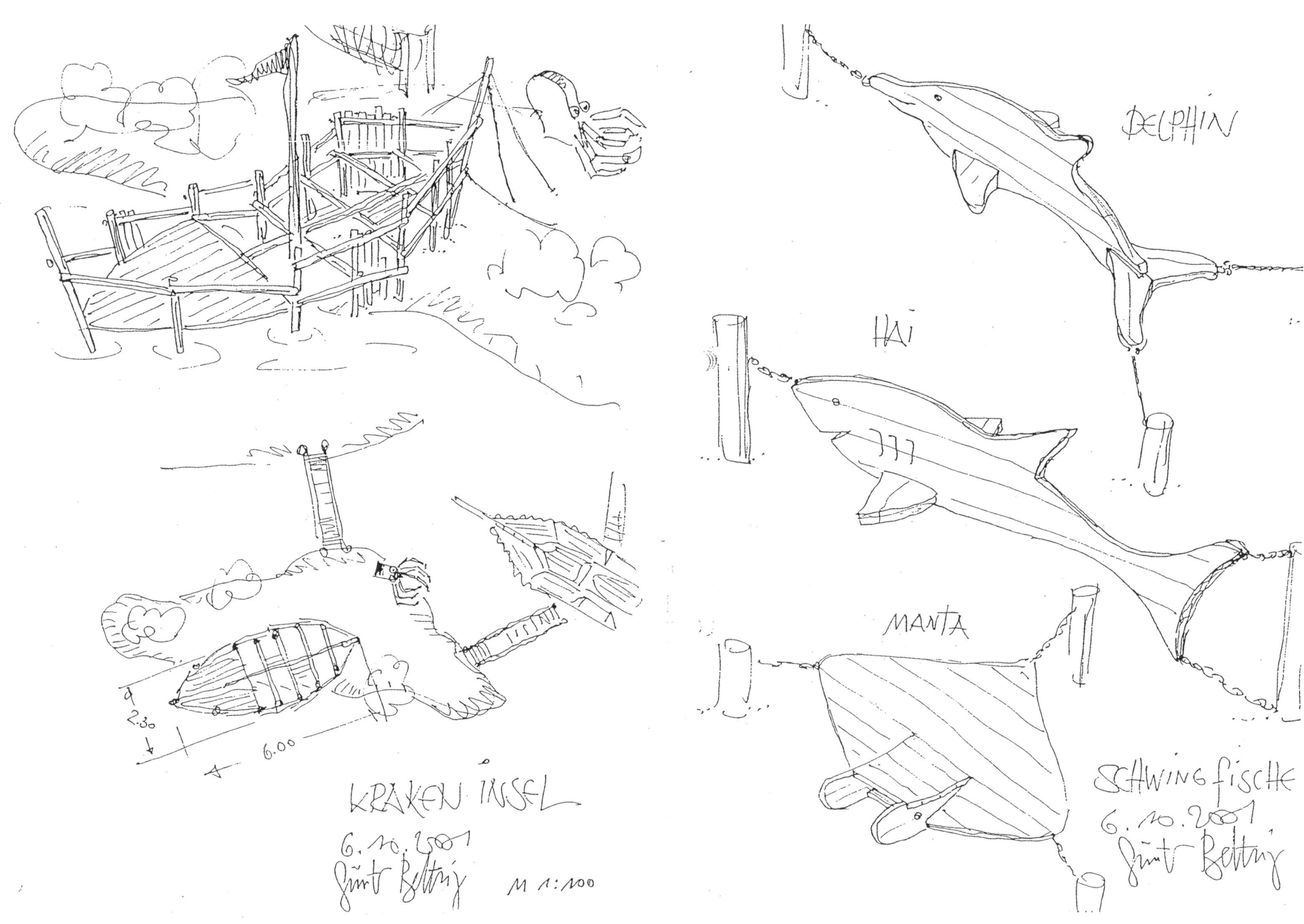

Erweitertes kleines Orion-Raumnetz
für behinderte Kinder

Verkürzte seitliche Membranen

M 1:100

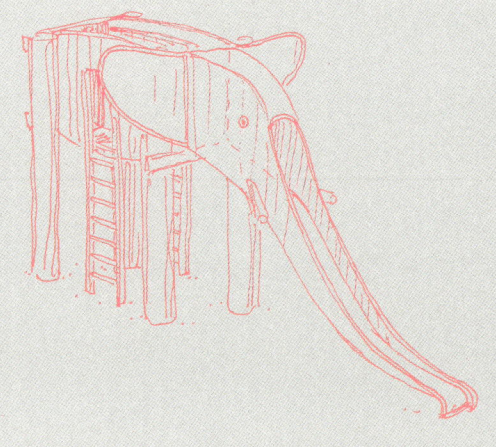

8) 코끼리가족

2001년은 또 하나의 실험이 있던 해였다. 이후에도 귄터의 작업에서 좀체 보기 힘든 놀이터 디자인이 하나 등장한다. 주제는 코끼리였다. 크기도 상당히 크고 작은 코끼리의 경우 코를 움직일 수 있게 설계하였다. 마치 그림책『코끼리왕 바바』를 떠올릴 수 있을 정도로 넓은 장소에 설계한 이 놀이터는 낯설고 궁금함을 일으킨다. 독일에 있는 코끼리로 상징되는 놀이터(Maximilian Park)를 설계하면서 상상했던 것 같다. 특히 이 드로잉을 보고 좋았던 것은 코끼리가족이 모여 사는 작은 동네처럼 놀이터를 디자인한 점이다. 또한, 울타리를 코끼리 가두는 우리로 쓰지 않고 계단과 그물망으로 길게 연결해 개방한 데 있다.

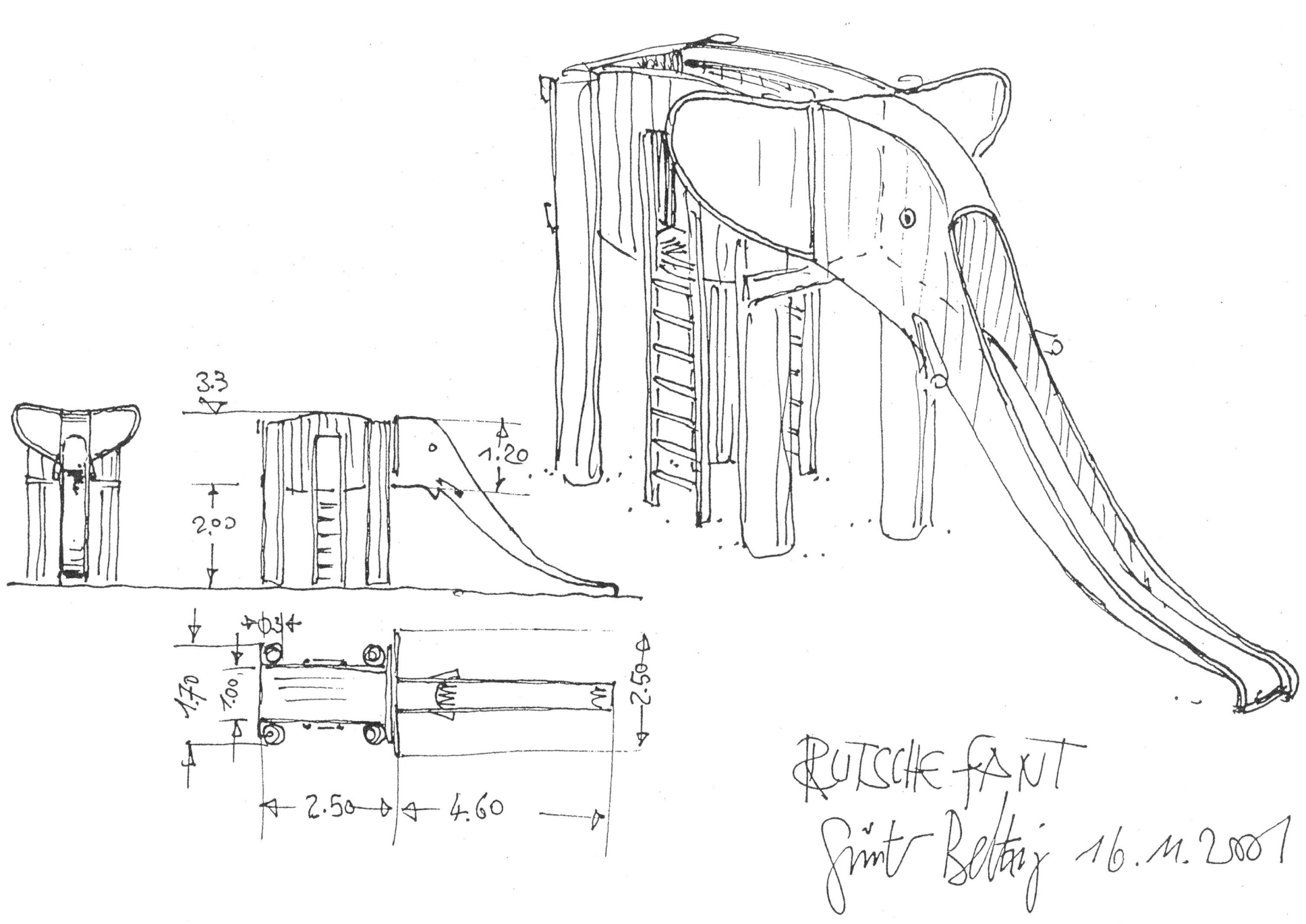

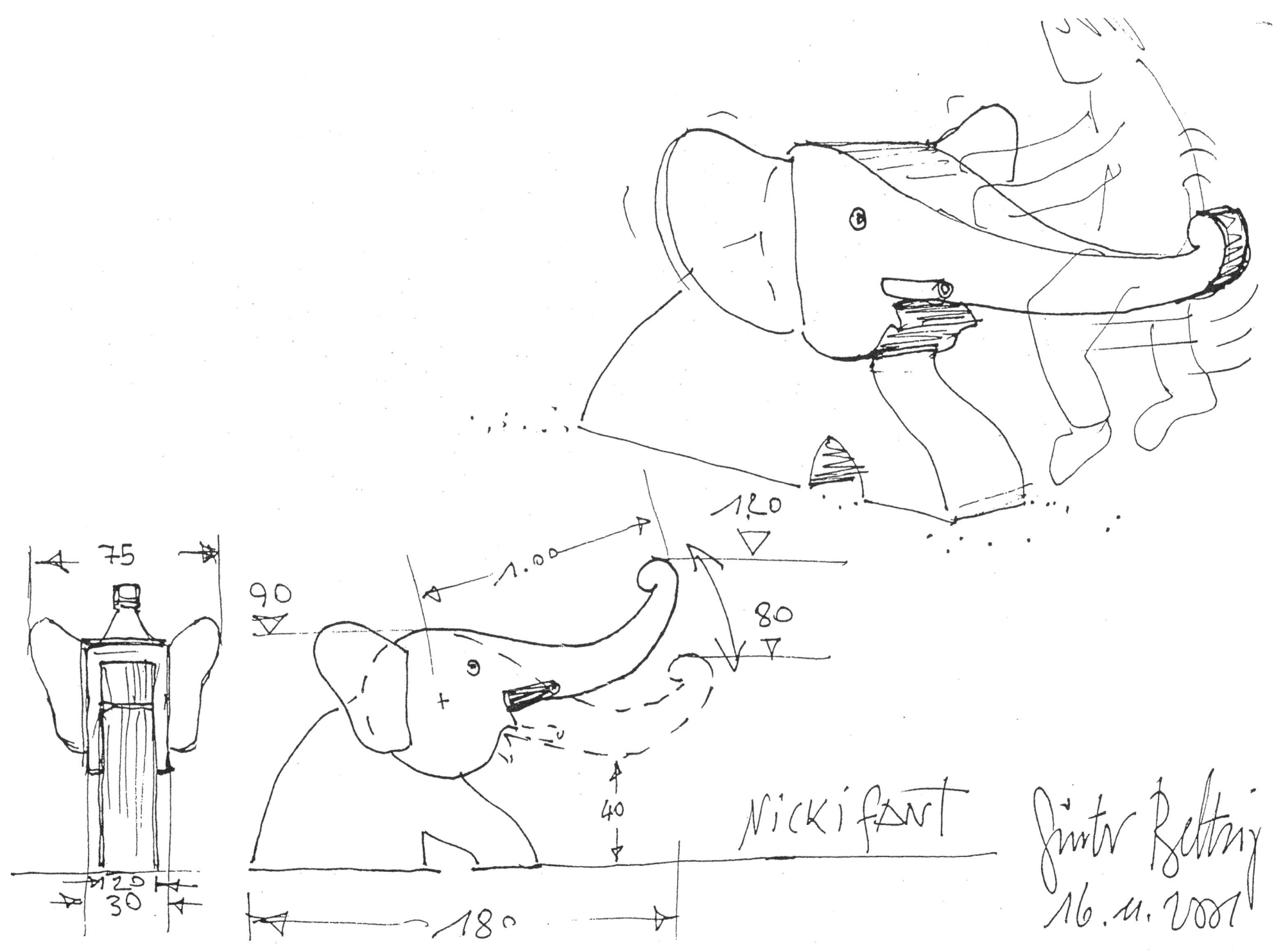

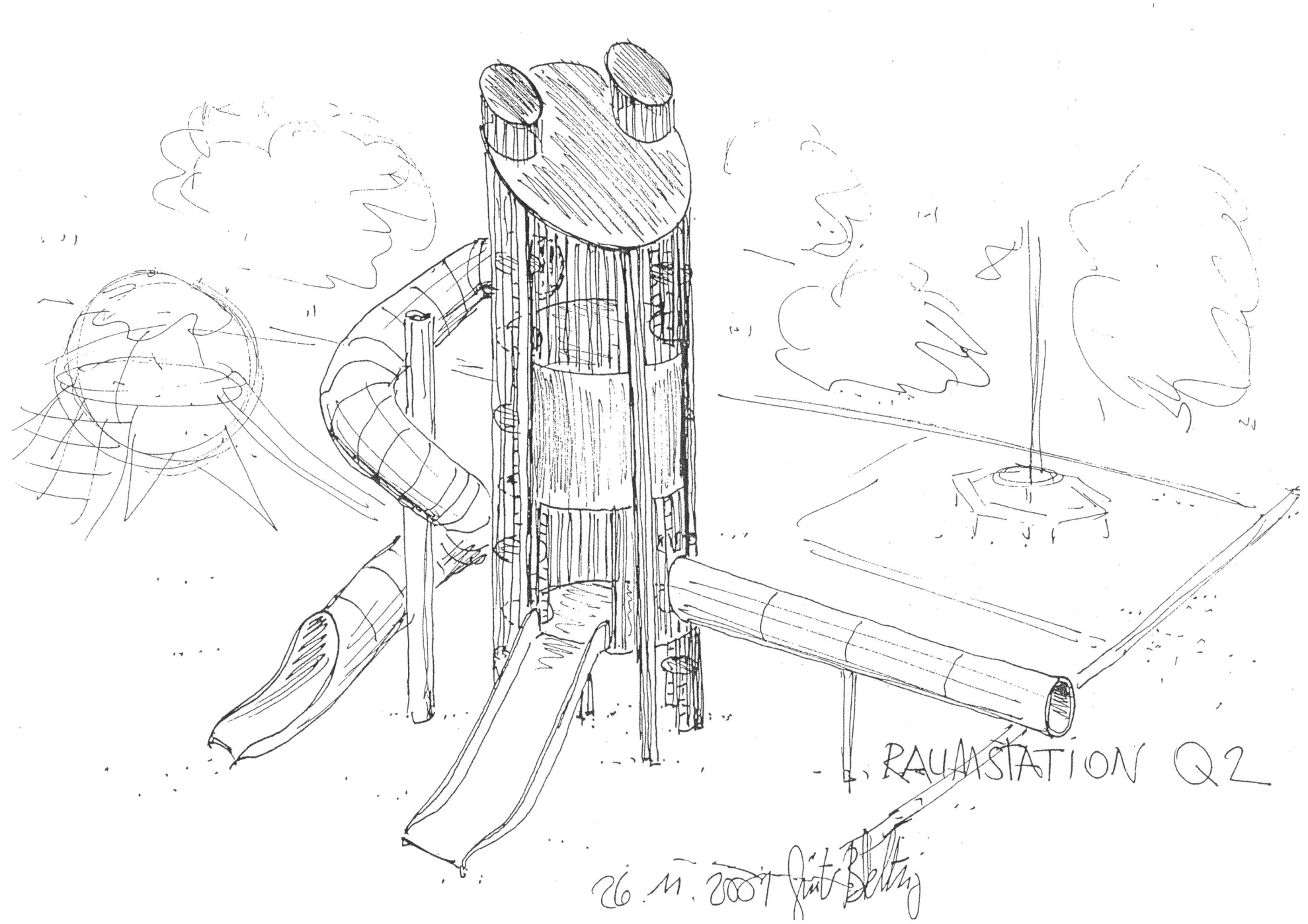

9) 복합 놀이기구 놀이터

　앞에서 다룬 '복합놀이터'와 '복합 놀이기구 놀이터'는 조금 다른 점이 있다. 복합놀이터가 좀 넓은 지역에 걸쳐 만들어진 놀이터라면 '복합 놀이기구 놀이터'는 물놀이나 흙놀이 등등을 좁은 공간에서도 소화해 낼 수 있도록 집약한 놀이터라고 보면 좋겠다. 대규모 '복합놀이터'의 순기능을 소규모 공간에서도 실현할 수 있는 대안을 찾은 것으로 보인다. 물을 끌어올리고, 단계적으로 흘려보내고, 땅을 파고, 물을 발펌프를 이용해 퍼 올리고, 모래를 이동시키는 등등의 놀이를 한 곳에서 할 수 있는 매우 집약적이고 기능적인 놀이터라고 할 수 있다.

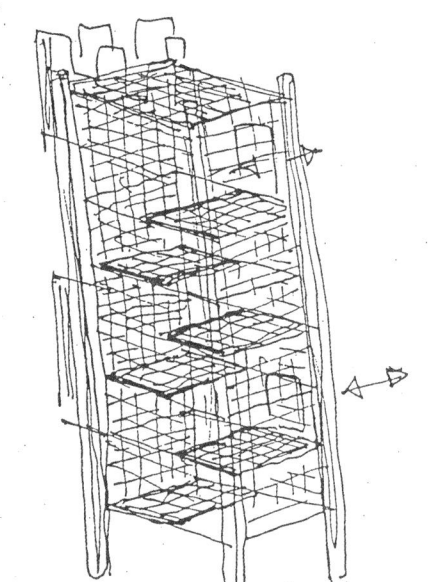
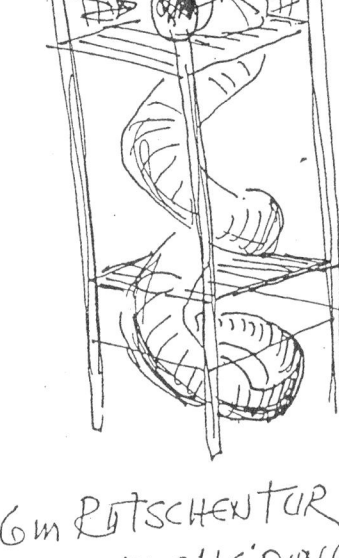

VERSCHIEDENE AUSFÜHRUNGEN DES GESPENSTERTURMES

GESPENSTERTURM
6m KETTENTURM UND 6m RUTSCHENTURM
MIT GESCHLOSSENER SCHWARTENVERKLEIDUNG
ALS UNÜBERWINDBARER GÜRTEL
18.1.2000 GÜNTER BELTZIG

Ritter 10-12 cm dick Körpergrösse 110-140 cm (Kindergrösse)
Günter Beltzig 18.1.2000

Ritterfigur mit Kopfloch zum Fotografieren als Ritter
10-12 cm dick 180 cm hoch
Günter Beltzig 18.1.2000

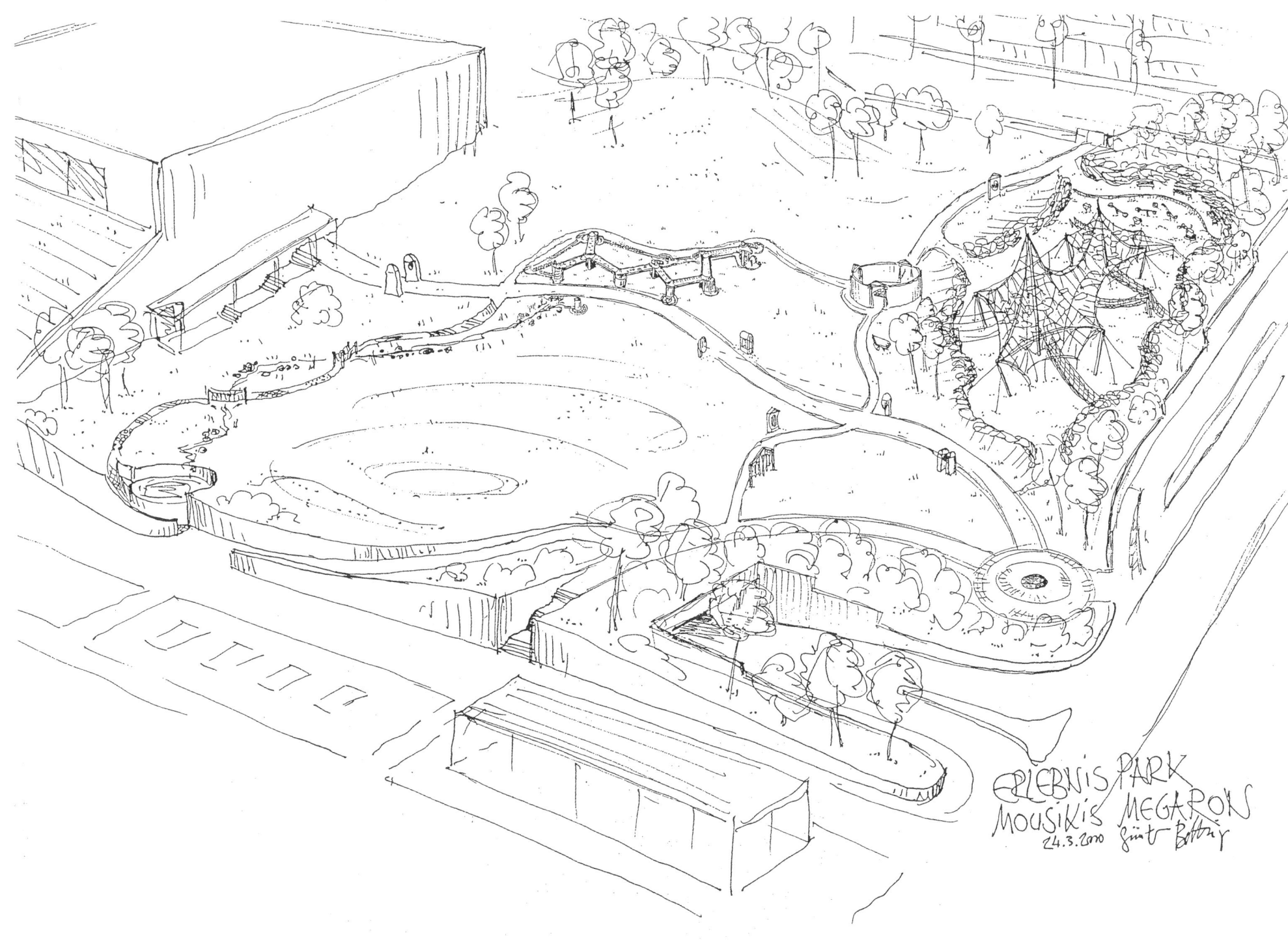

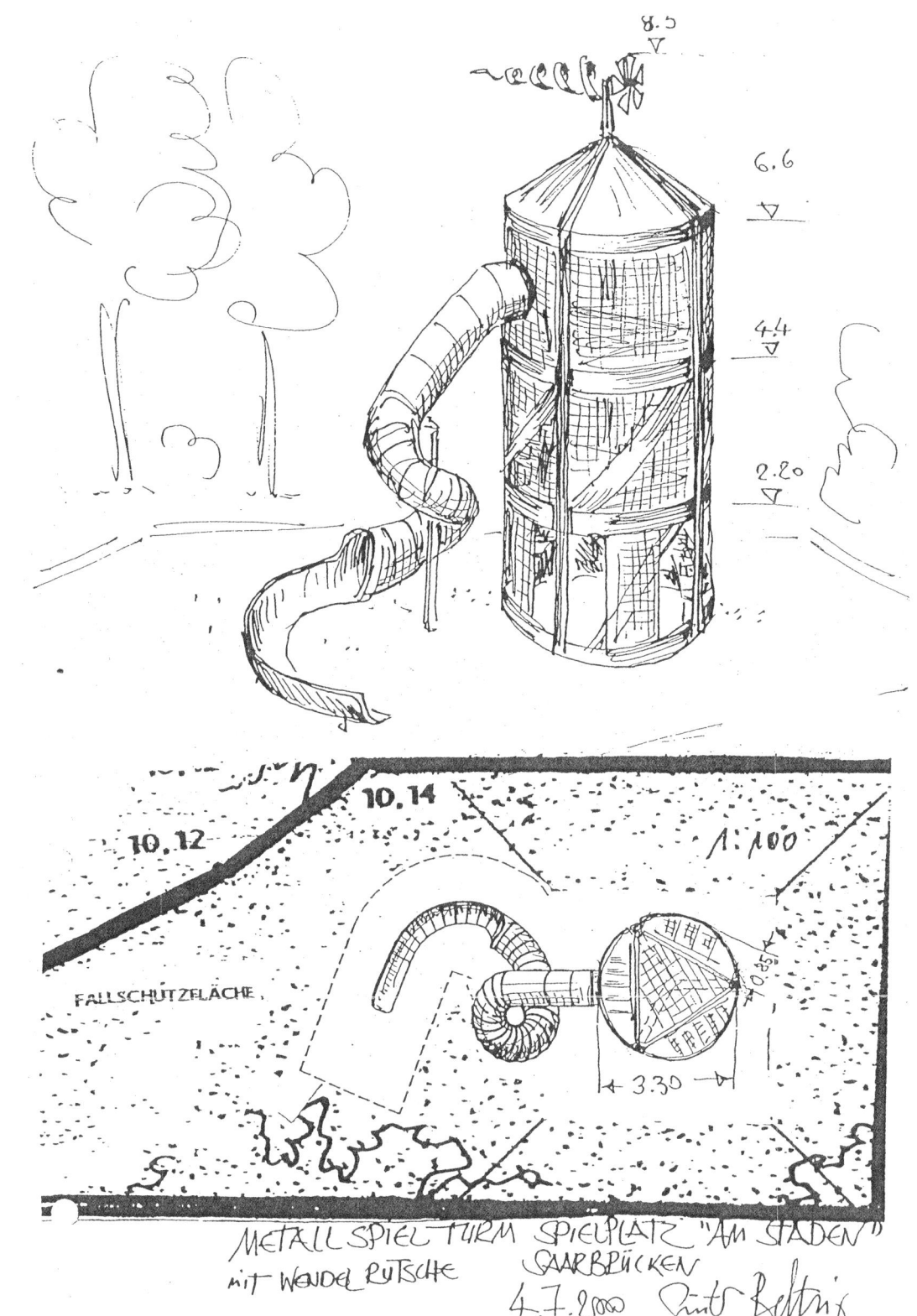

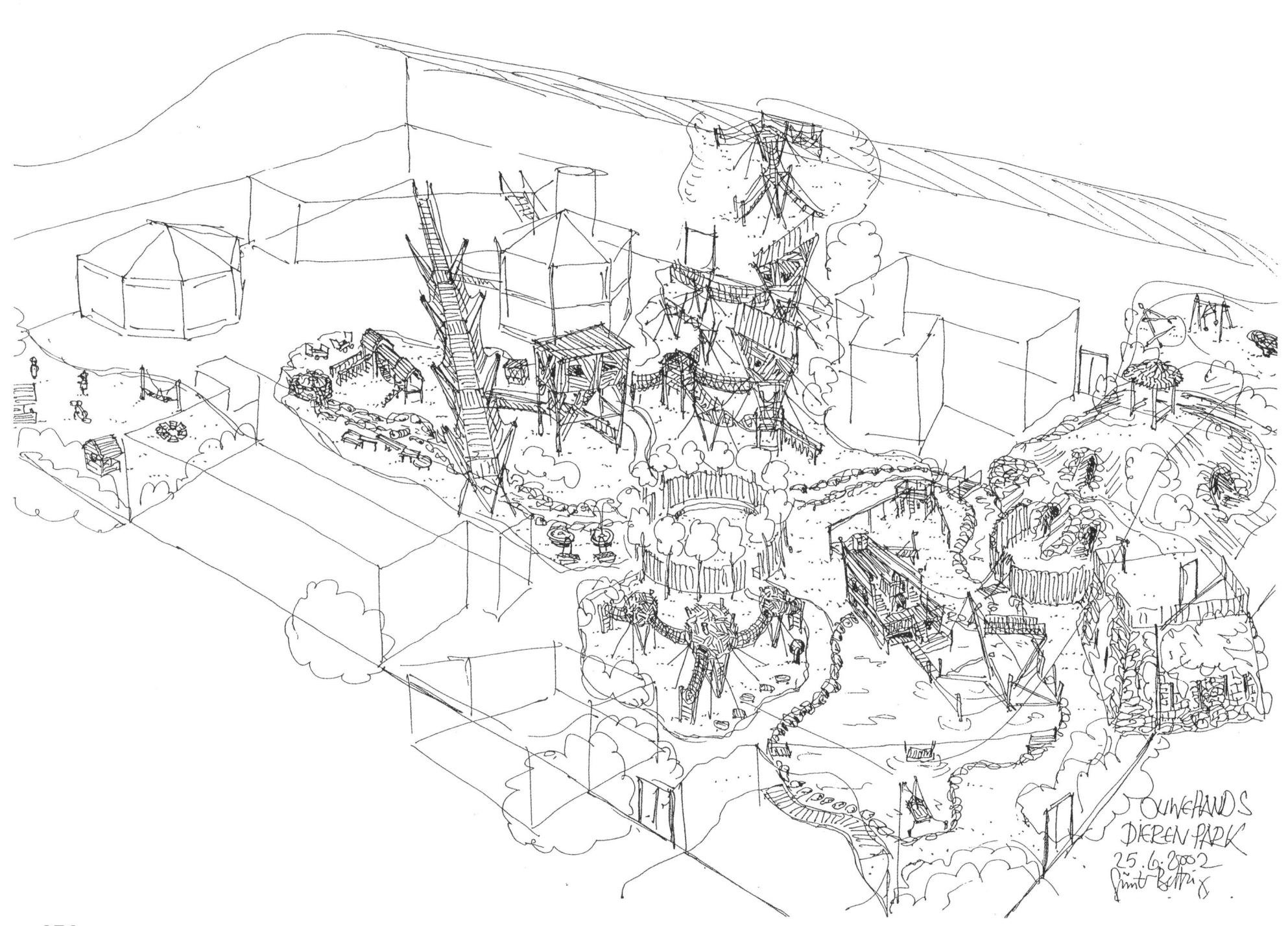

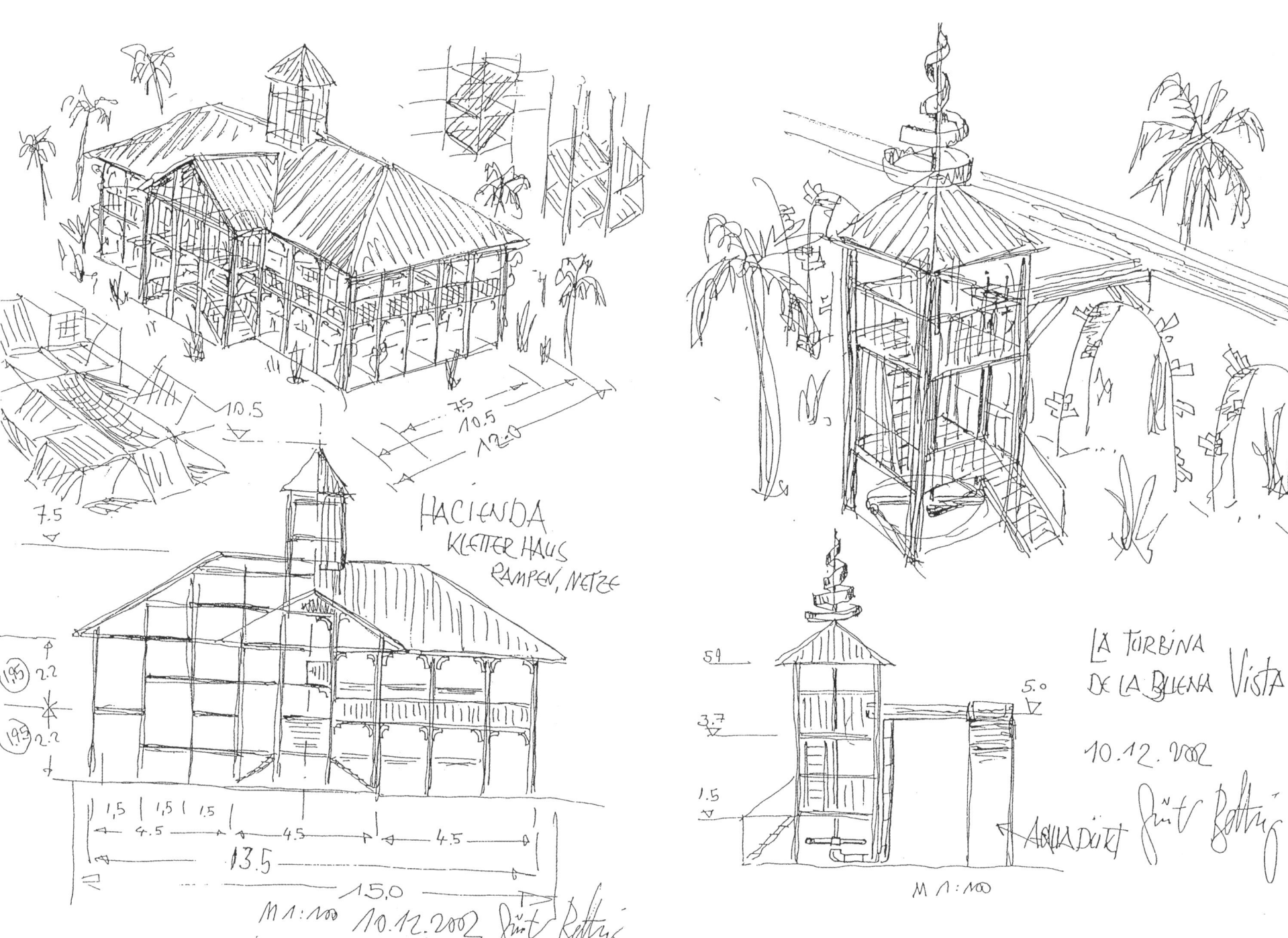

10) 미로

미로는 놀이터를 만드는 사람은 누구나 흥미가 있는 주제이다. 그렇지만 미로를 놀이로 제대로 구현한다는 것은 그렇게 쉬운 일은 아니다. 주제의 흥미가 결과물의 재미를 담보하는 것은 아니기 때문이다. 실제로 놀이터를 만들 때 미로가 재미로 이어지려면 꽤 고민을 많이 해야 한다. 잘못하면 공간만 많이 차지하고 아이들에게 외면받는 갇힌 공간이 될 가능성이 크다. 놀이터로 미로를 만들 때 가장 깊이 생각해야 할 점은 거꾸로 미로의 개방성이다. 귄터 또한 몇 개의 미로놀이터 작업을 했다. 남다른 점은 미로의 벽을 이루는 면들을 부드러운 재료를 이용해 넘나들 수 있게 디자인했다. 또한, 미로가 들어서는 전체 공간을 미로처럼 만들어 미로 속 미로를 만들어내기도 했다. 대표적으로 오스트리아 빈의 쇤브룬궁전 놀이공원에 미로찾기 놀이터를 들 수 있다.

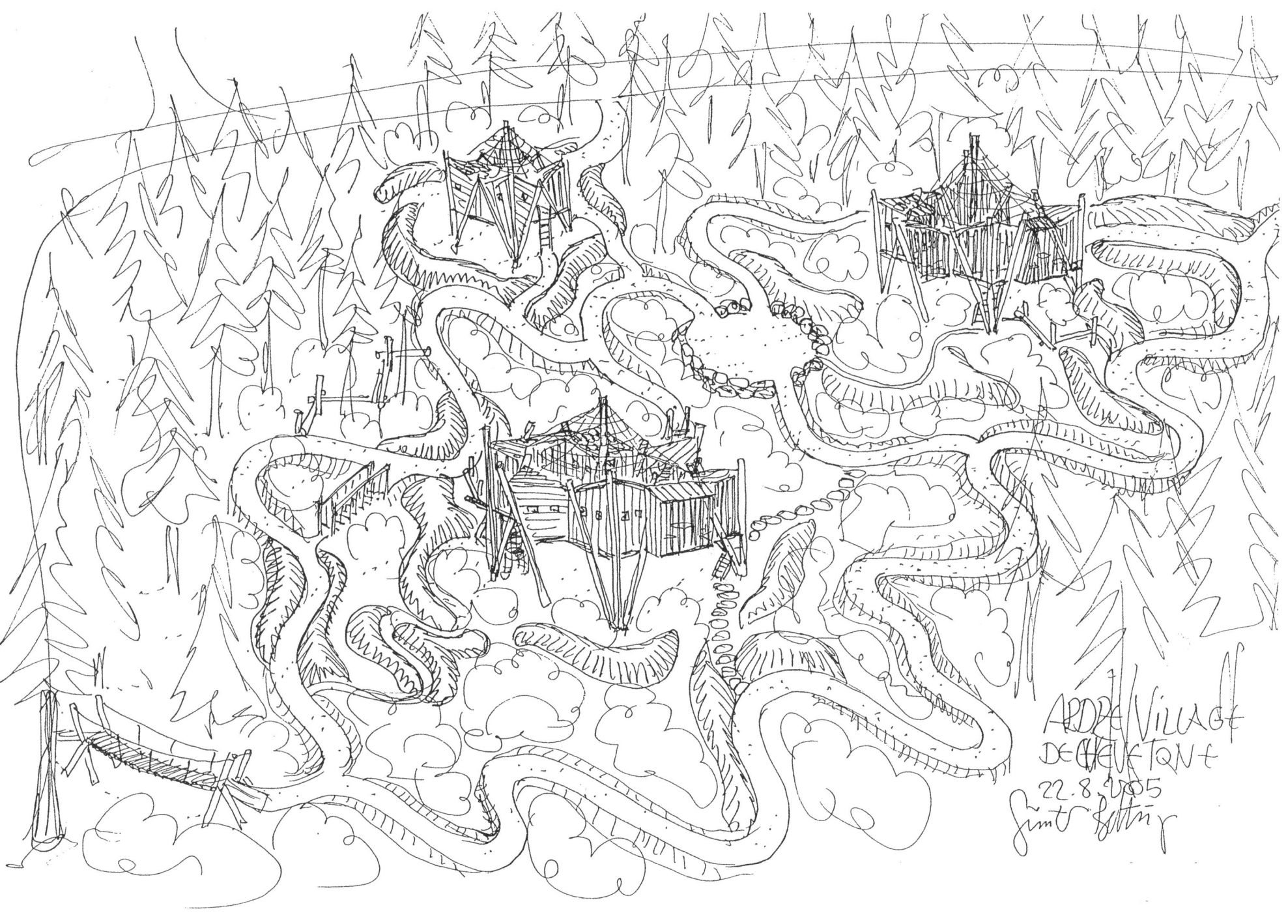

11) 티볼리공원

    귄터는 2006년 덴마크 코펜하겐에 있는 티볼리공원 놀이터 디자인에 참여했다. 작업의 규모나 기간으로 보았을 때 꽤 비중 있는 일이었다. 드로잉 작업도 여러 형태로 시도했다. 티볼리공원이 워낙 뛰어난 놀이성을 지닌 공원이다 보니 기존에 해오던 놀이터 구상과는 다른 형태를 지역적 특성에 맞게 고민한 흔적이 분명하다. 눈에 띄는 점은 층간 이동을 미끄럼틀로 연결했다는 점과 건물과 건물을 모두 그물로 연결한 점이 독특한 느낌을 만들어냈다. 티볼리공원을 가보면 실제로 문화적 다양성을 쉽게 목격할 수 있는데 놀이터에 고유한 문화적 색채와 느낌을 잘 살렸다는 느낌이다. 그러나 안타깝게도 이 놀이터는 만들어지지 못했다.

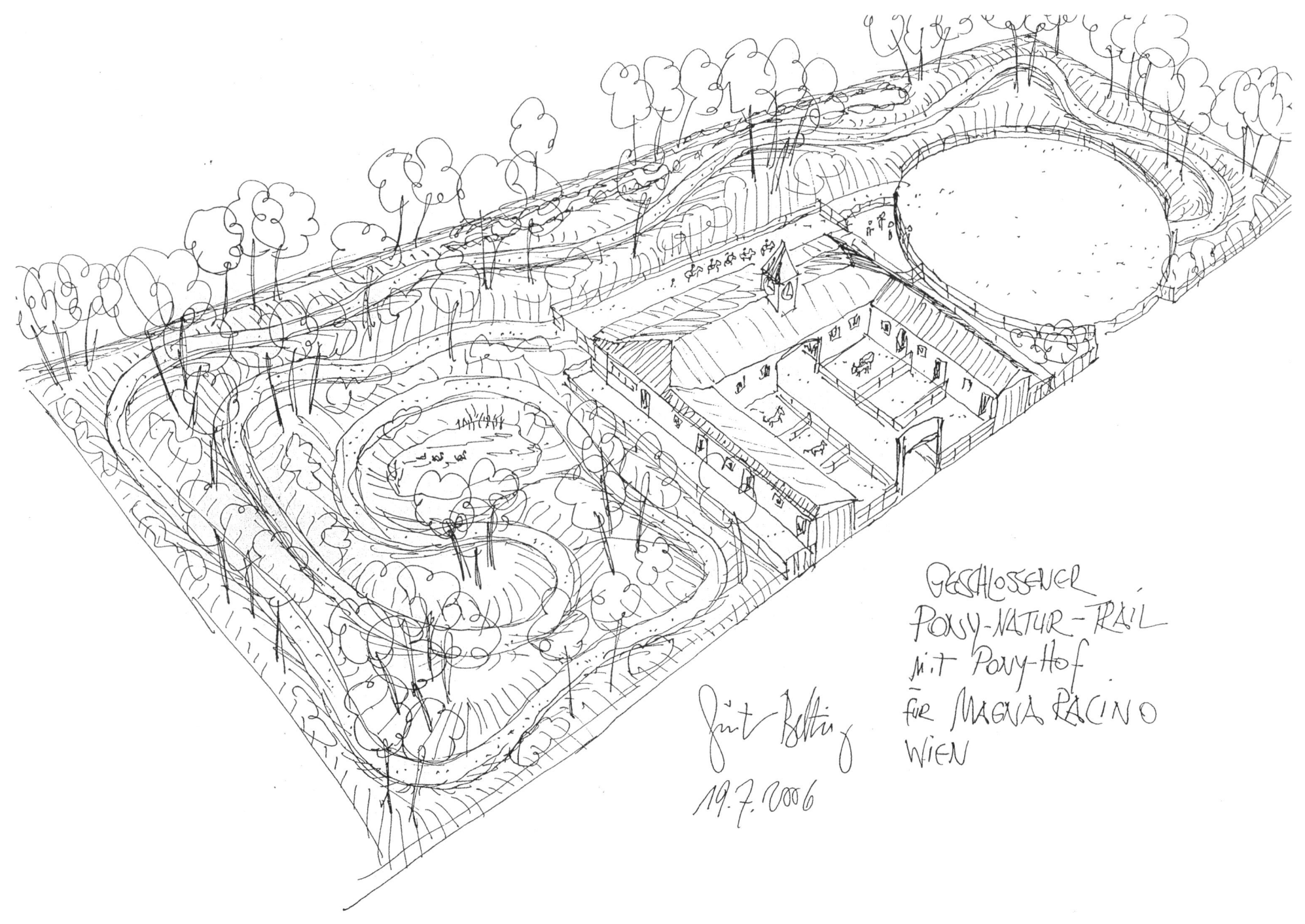

12) 뮌헨박물관 어린이왕국 내 '물의 나라' 놀이터

2002년 그 동안 작업해 왔던 물에너지를 이용한 놀이터를 뮌헨박물관에 '물의 나라'란 이름으로 설계해 짓는다. 물을 이용하는 전용 어린이 놀이터의 시작이라고 해도 과언이 아닐 정도로 귄터의 '물놀이터'에 대한 생각이 오롯이 현실화된 정점에서 한 작업이었다. 매우 완성도가 높고 다양한 물 에너지를 아이들이 직접 느낄 수 있어 반응도 대단했다. 향후 '물놀이터'의 본보기가 됨은 물론이다. 그 가운데 가장 눈에 띄는 것은 아르키메데스의 원리를 이용한 수차를 아이들 놀이기구로 완성해낸 것이다. 공학도이자 디자이너이자 현장 경험이 많은 귄터였기에 가능한 일이라고 생각한다.

이 밖에도 방향을 바꾸어 상대방에게 물을 쏘는 놀이기구, 시소처럼 한 사람이 올라가 번갈아 디디며 압력을 만들어 물을 뿜는 분수, 물레방아 안쪽을 터빈으로 이용해 흐르는 물의 방향을 다른 곳으로 옮길 수 있는 놀이기구, 아르키메데스 수차로 퍼 올린 물의 흐름을 여러 가지 모양의 장치로 바꾸며 물의 운동에너지를 느낄 수 있는 놀이기구, 흐르는 물로 다양한 모양의 터빈을 돌리는 놀이기구, 흐르는 물을 막고 터주는 놀이기구 등등의 것으로 발전하는 계기가 되는 작업이었다. 일회적이고 상업적인 물놀이 기구 위주의 국내 물놀이 시설들에 새로운 상상력을 건넨다.

특히 귄터가 설계한 '물놀이 광장'은 물을 순환시켜 다양한 낙차와 흐름과 양상을 한 곳에서 볼 수 있도록 만든 남다른 물놀이터이다. 터빈, 수차, 관, 물기둥, 분수, 물저장통, 급수조, 수로, 사슬 펌프, 물길 다리 등등 마치 한 도시의 물의 흐름을 집약해 놓은 매우 공학적이면서도 궁금함을 일으키는 설계이다. 만약 이러한 물놀이터가 구현된다면 아이들은 이곳에 와서 물과 물의 운동성 그리고 물 에너지를 즐겁게 이해할 수 있을 것이다. 이런 그림을 보고 있노라면 귄터가 참 재미있는 사람이라는 것이 느껴져 새삼스럽게 웃음이 난다.

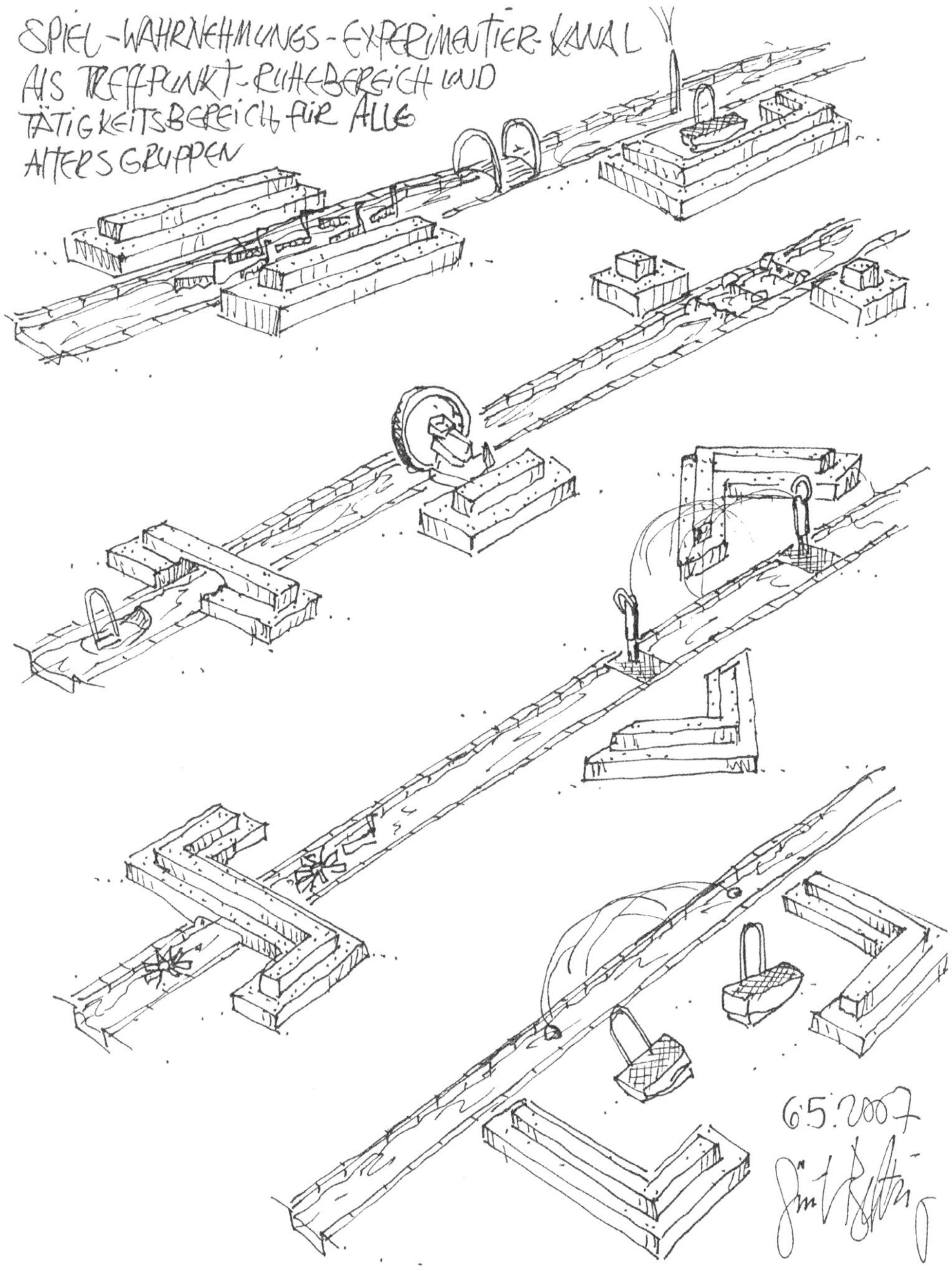

SPIEL-WAHRNEHMUNGS-EXPERIMENTIER-KANAL
ALS TREFFPUNKT-RUHEBEREICH UND
TÄTIGKEITSBEREICH FÜR ALLE
ALTERSGRUPPEN

6.5.2007

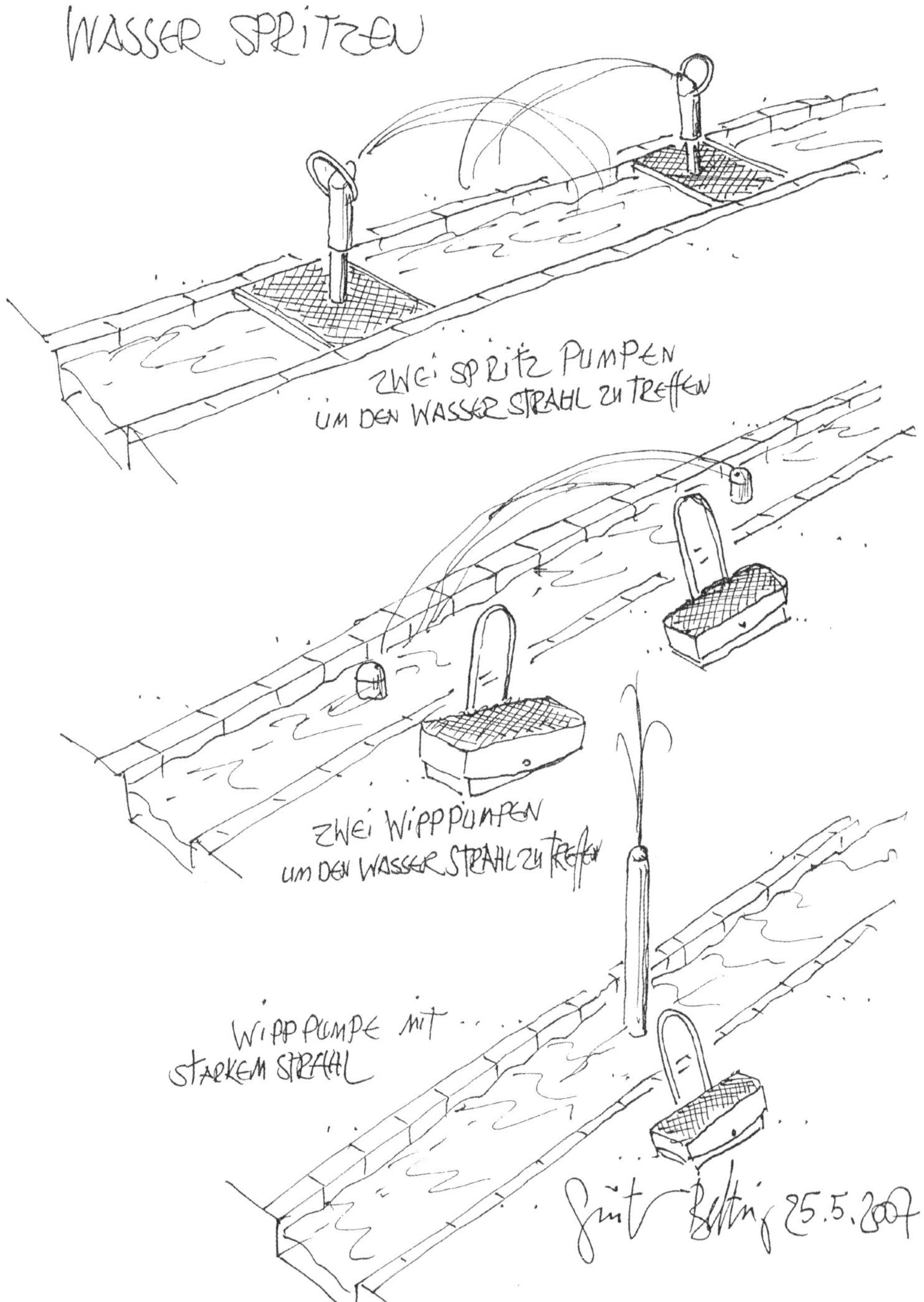

WASSER SPRITZEN

ZWEI SPRITZPUMPEN
UM DEN WASSERSTRAHL ZU TREFFEN

ZWEI WIPPPUMPEN
UM DEN WASSERSTRAHL ZU TREFFEN

WIPPPUMPE MIT
STARKEM STRAHL

25.5.2007

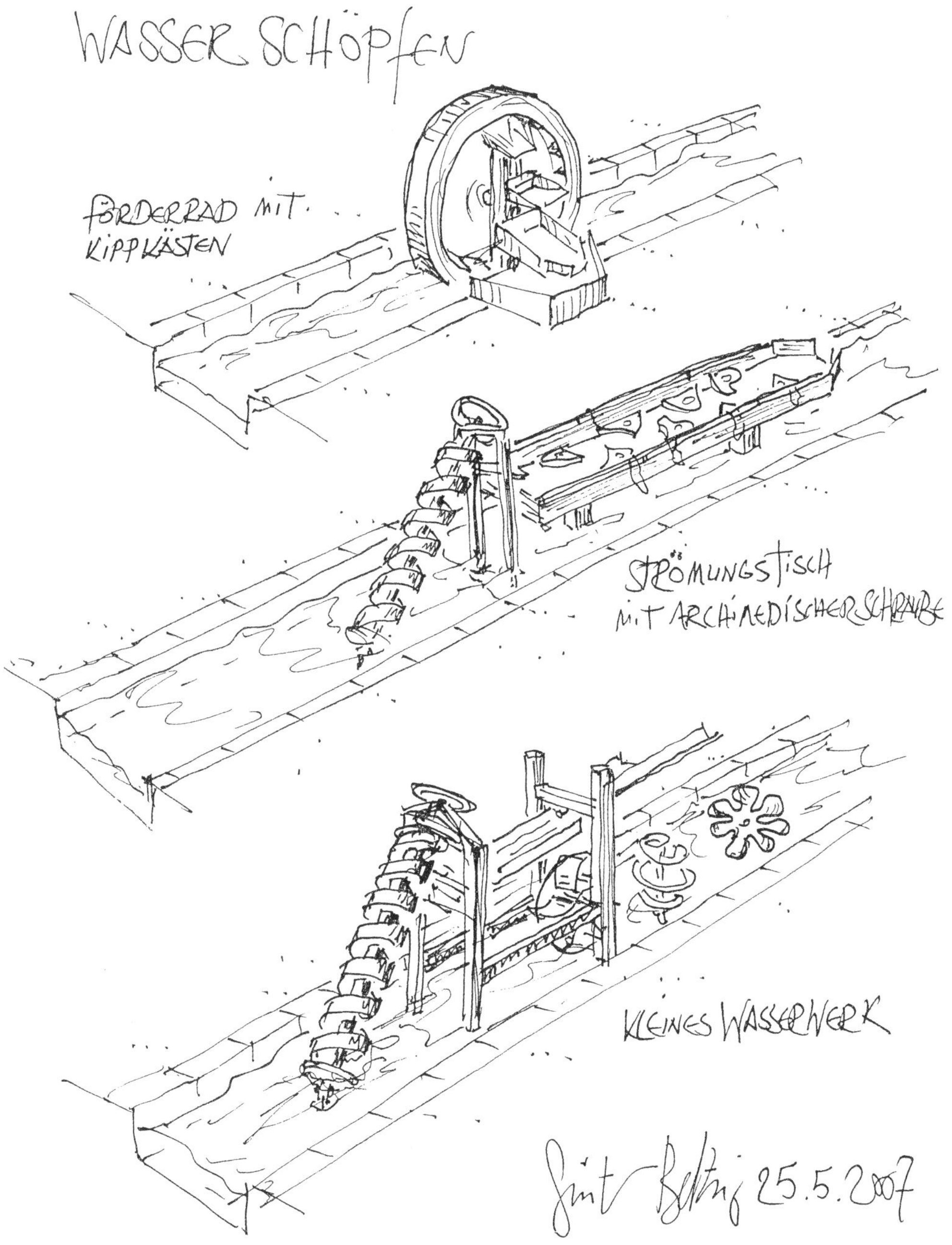

WASSERSCHÖPFEN

FÖRDERRAD MIT KIPPKÄSTEN

STRÖMUNGSTISCH MIT ARCHIMEDISCHER SCHRAUBE

KLEINES WASSERWERK

Günter Belting 25.5.2007

HYDRODYNAMISCHE VERSUCHE

WASSERLEITMEMBRANEN

OFFENE HYDRODYNAMISCHE KÖRPER

GESCHLOSSENE, SCHWIMMENDE HYDRODYNAMISCHE KÖRPER

Günter Belting 25.5.2007

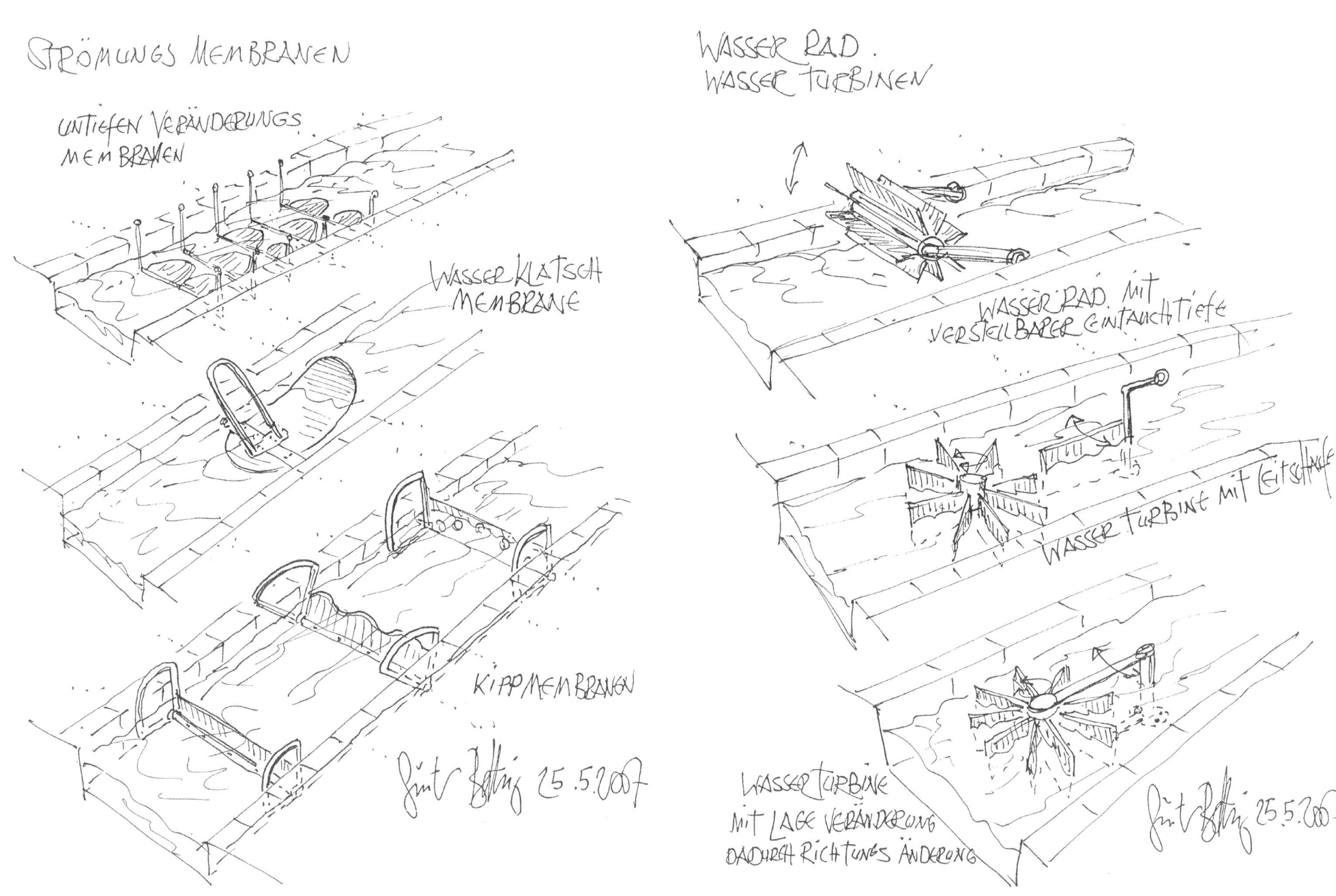

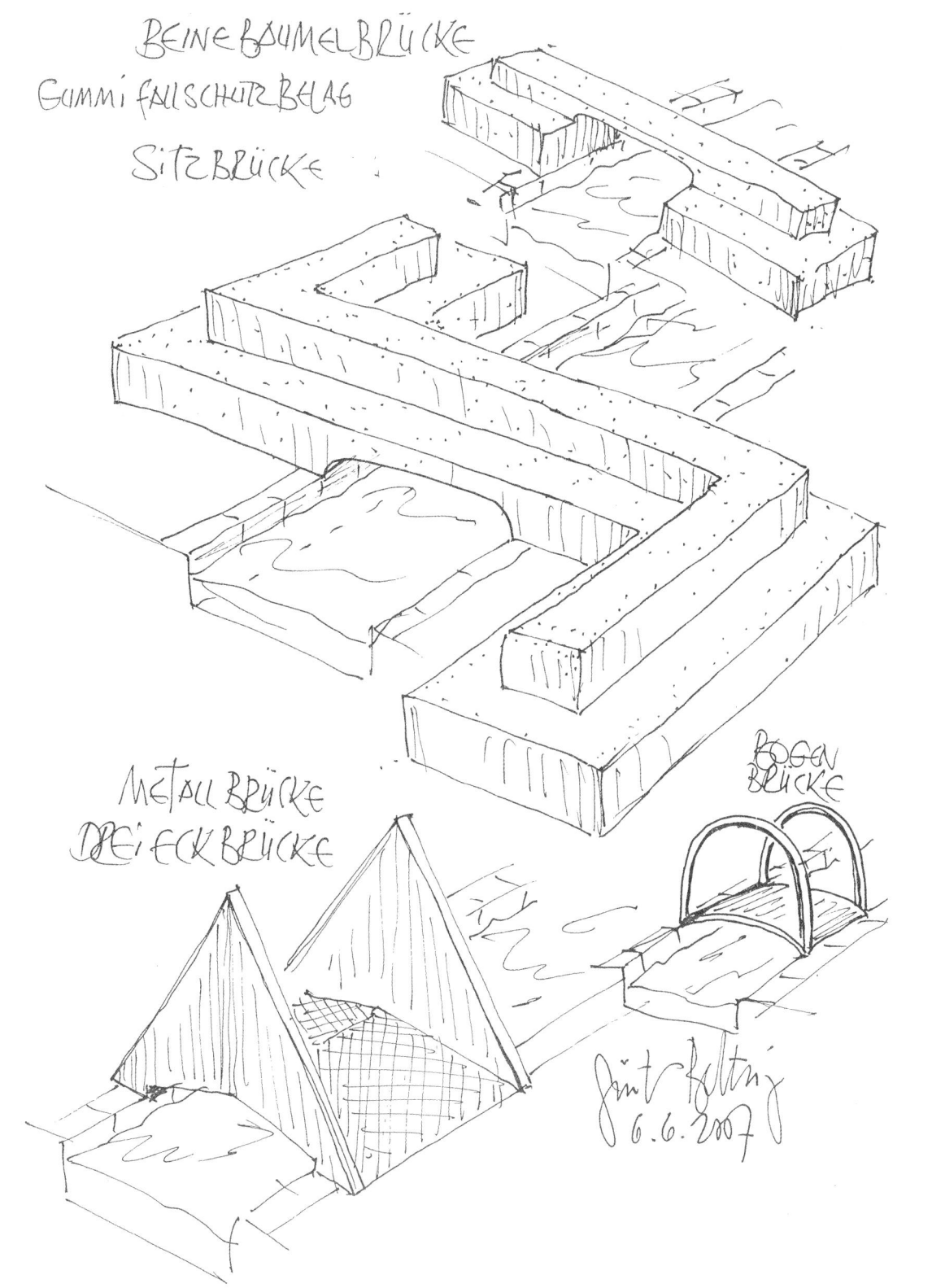

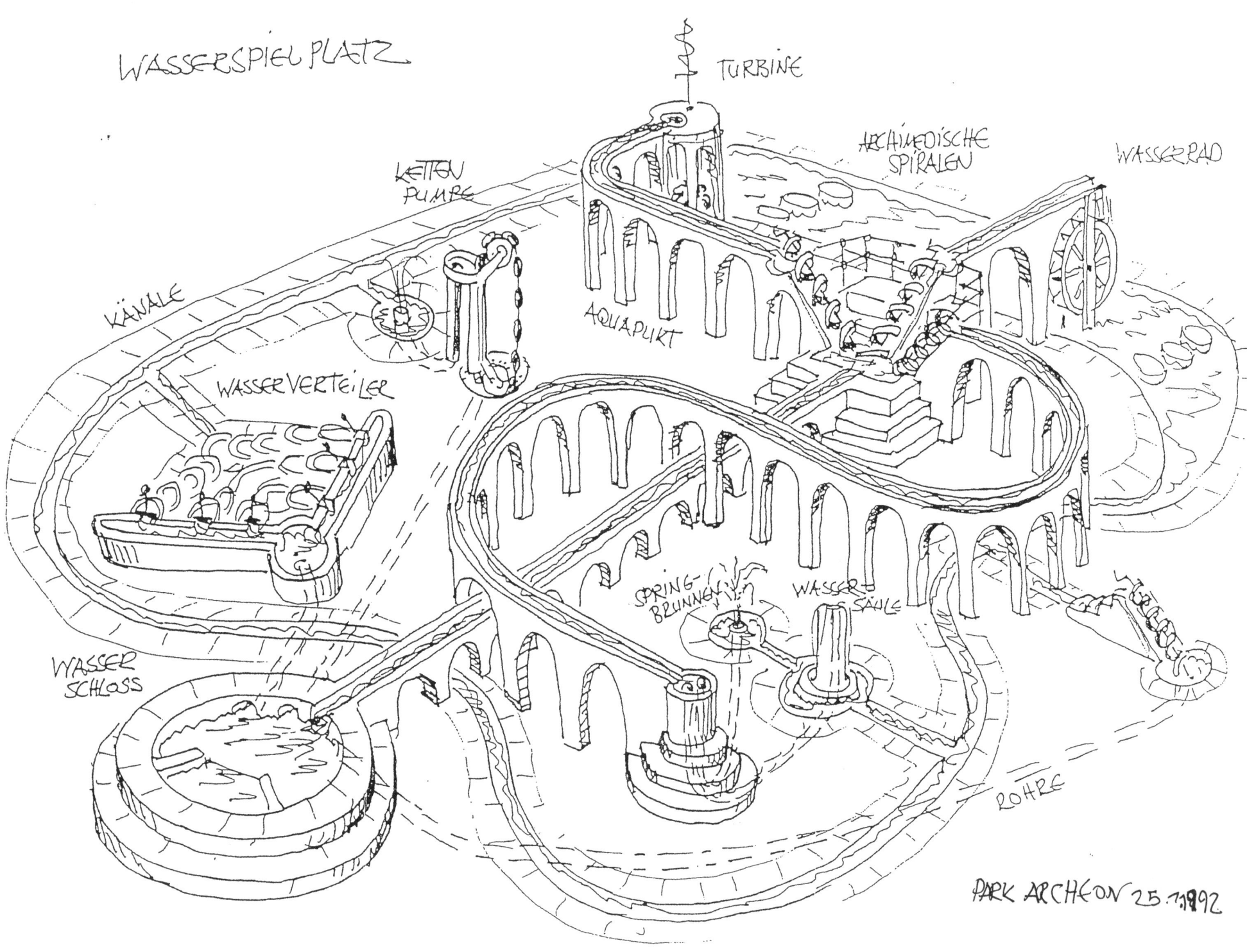

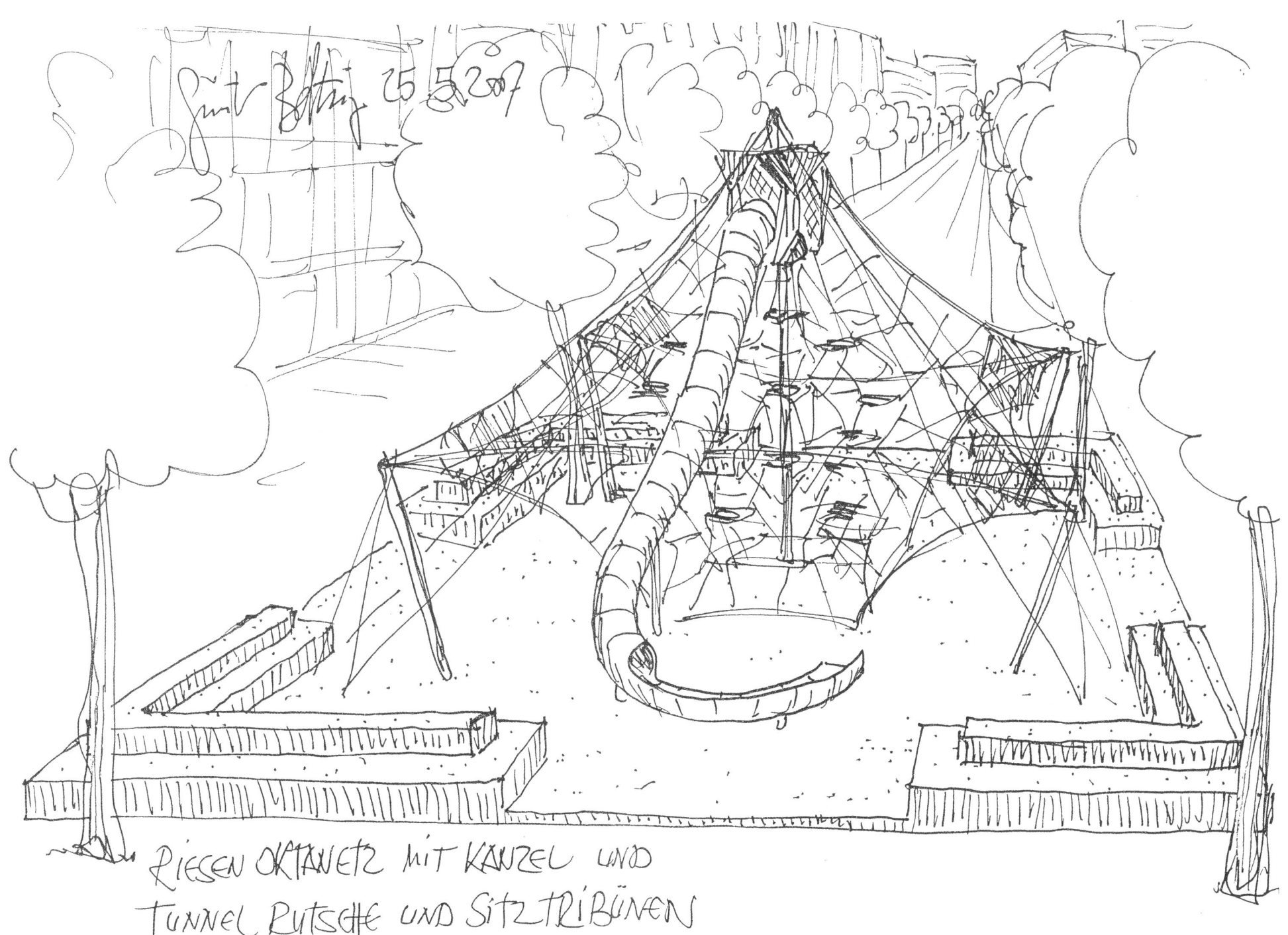

RIESEN OKTANETZ MIT KANZEL UND TUNNEL RUTSCHE UND SITZTRIBÜNEN

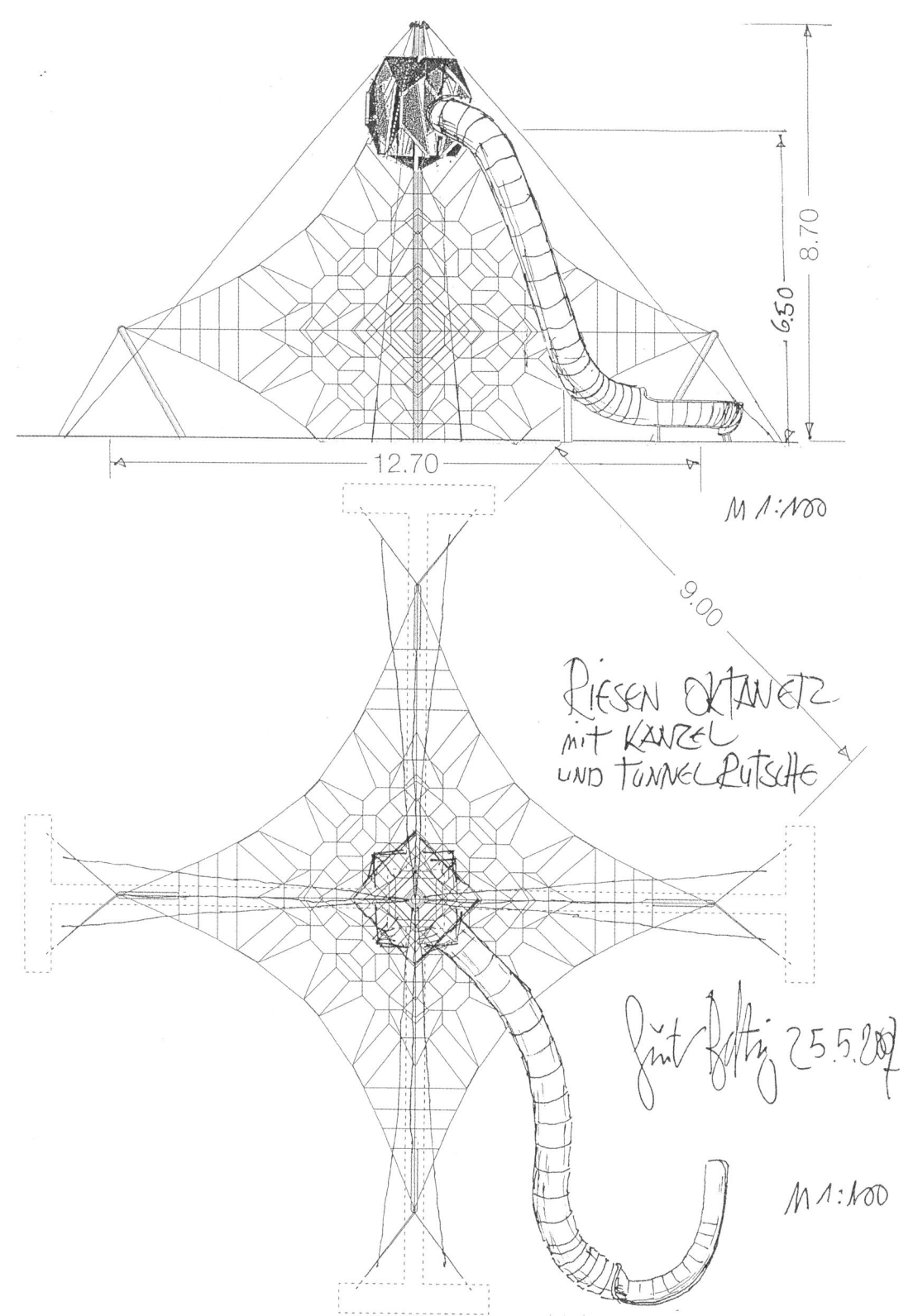

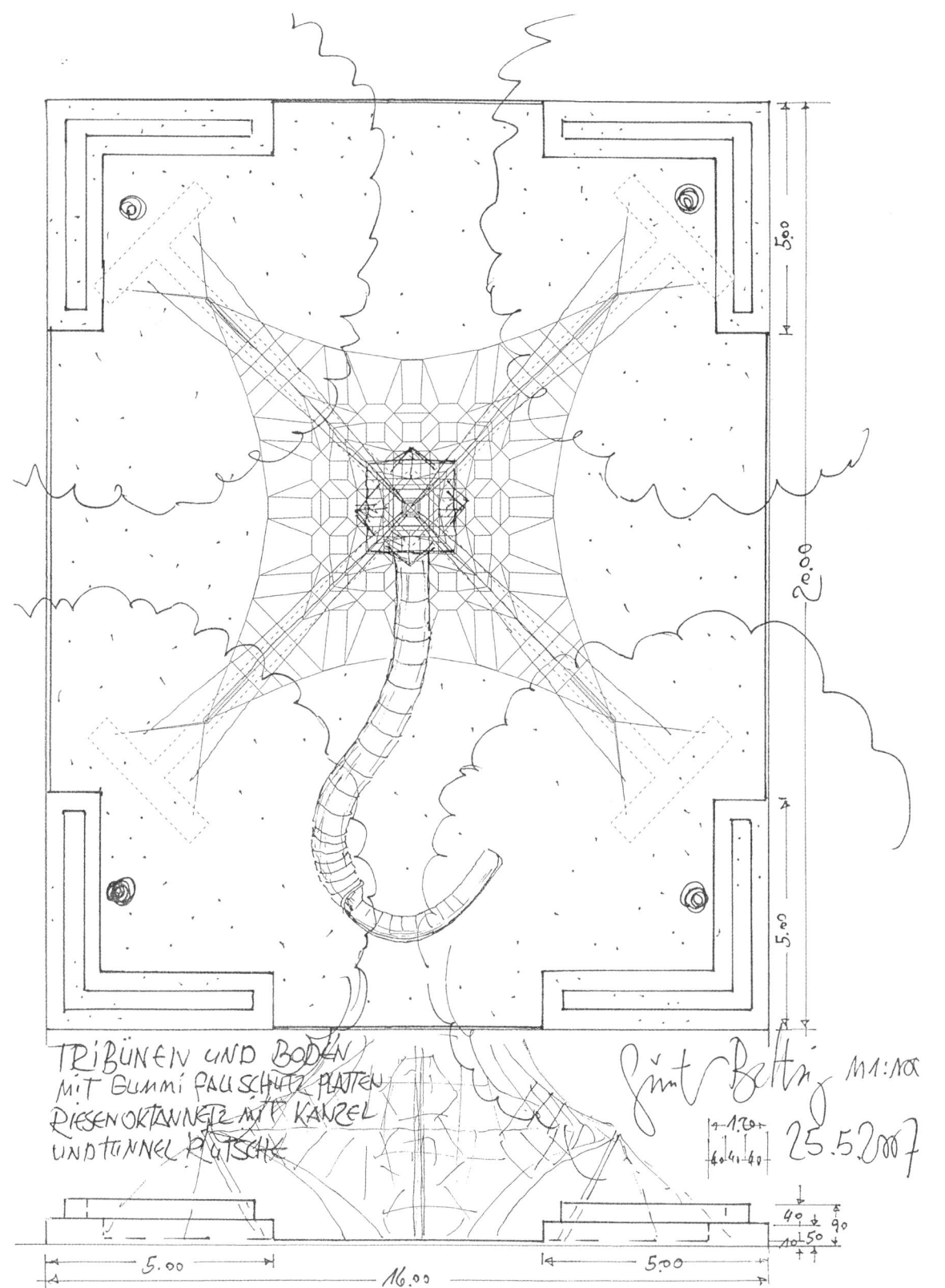

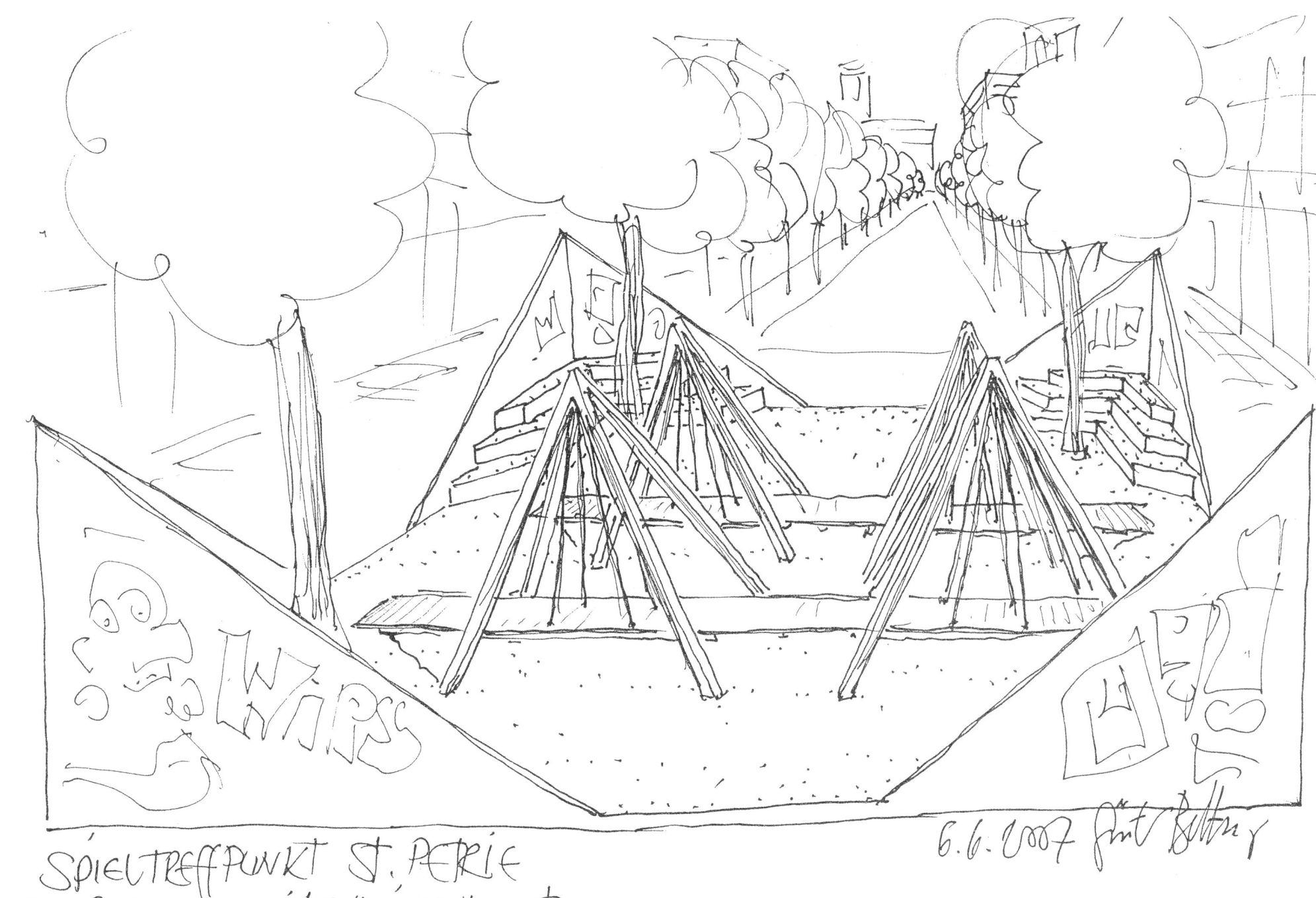

Spieltreffpunkt St. Perie
Grafittiwände mit Schwingwippenstegen

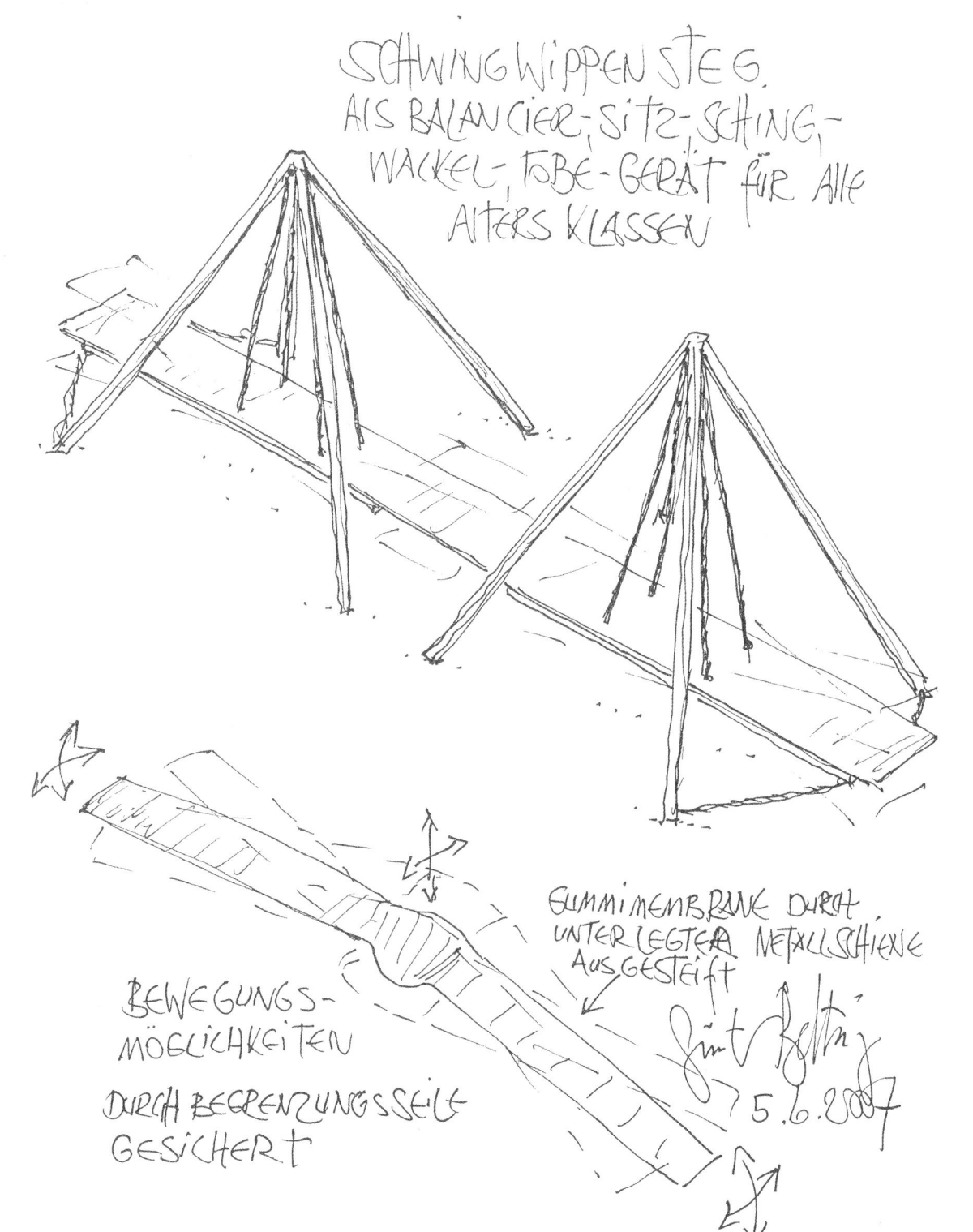

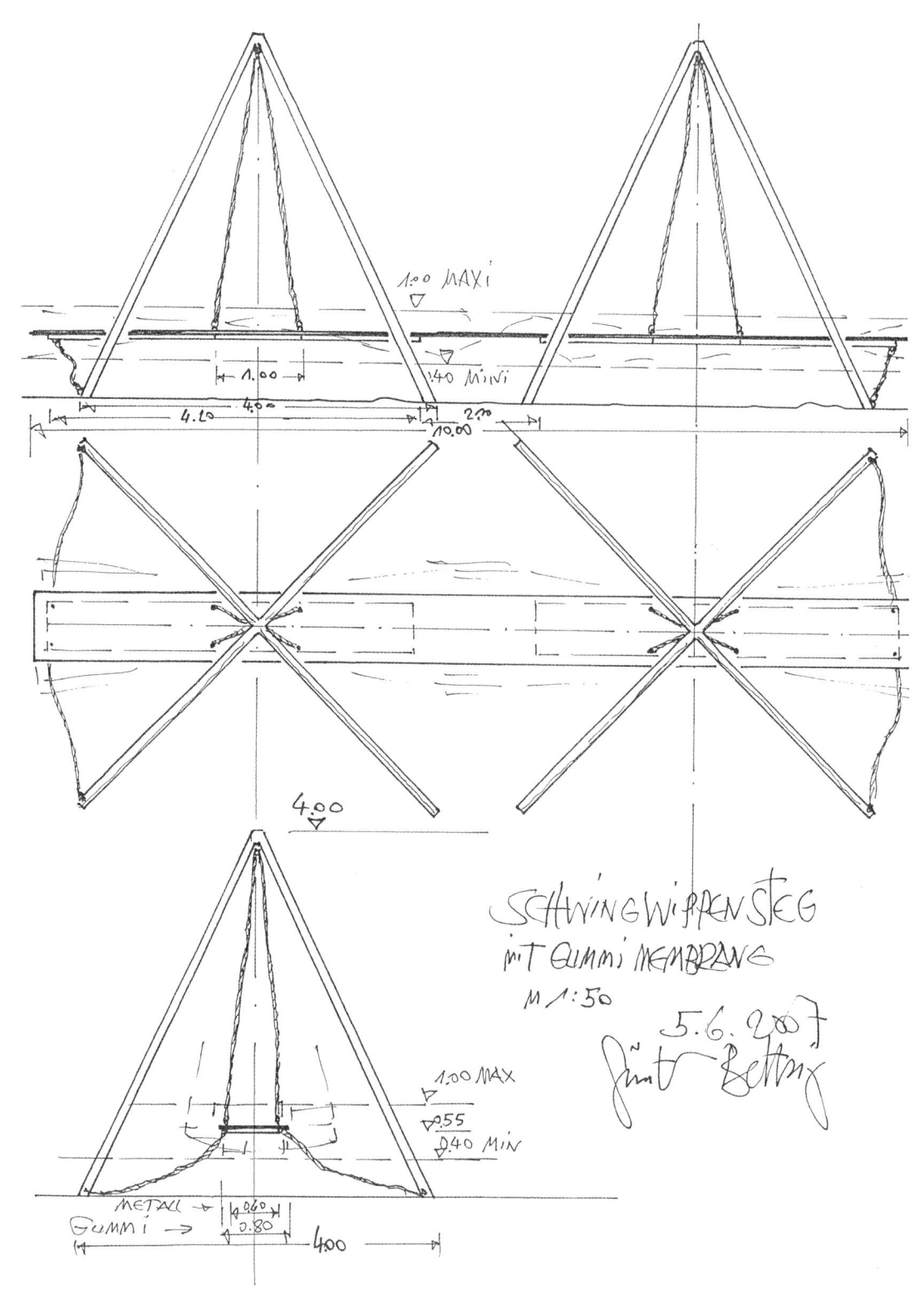

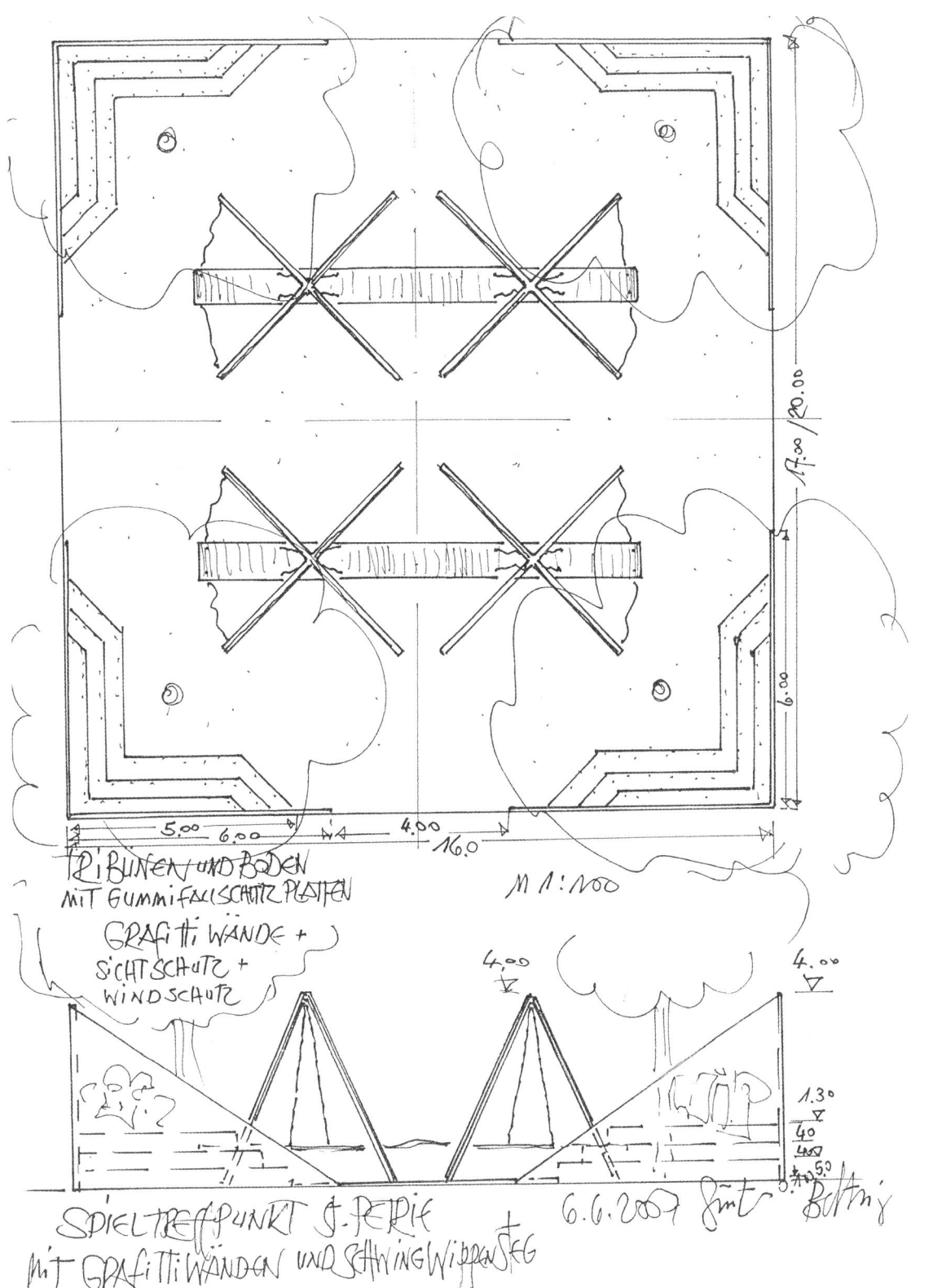

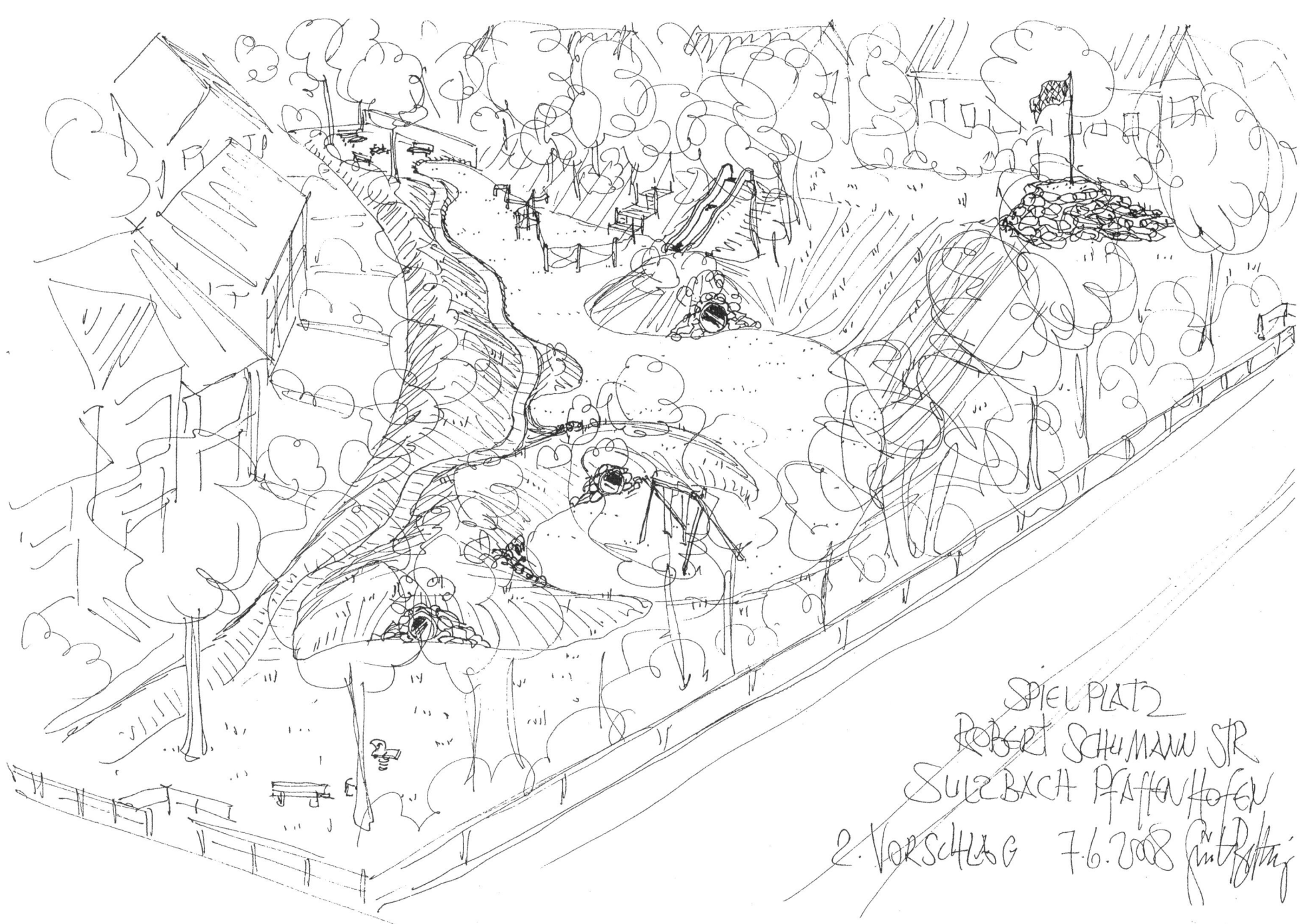

13) 실내 놀이터

실내놀이터에 관한 권터의 생각은 이렇다. 바깥놀이터가 바람직하니 세상의 모든 놀이터가 밖에 만들어져야 한다고 생각하지는 않는다. 대기오염과 같은 환경적 이유 때문이라도 장기적으로 실내놀이터가 늘어나리라는 것을 수용하고 그렇다면 어떻게 실내놀이터를 만들어갈 것인지 고민해야 한다고 했다. 그러나 지금 주변에 보이는 화학적 재료와 지나친 장식과 색채로 치장한 실내놀이터에 대해서는 단호한 태도다. 실내놀이터이지만 자연을 가지고 들어와야 한다는 것이 권터의 생각이다. 그런 생각으로 만든 놀이터 하나를 소개한다. 거의 정원이라고 할 수 있을 정도로 식물과 나무가 풍성한 곳으로 만들었다. 놀이터로서의 재미와 즐거움을 놓치지 않고 있음을 물론이다. 실내놀이터가 어디를 향해 가야 할지 나 또한 고민이 깊다.

14) 놀이터 드로잉과 실제 놀이터의 거리

그동안 귄터가 사는 뮌헨에 가족과 함께 2차례 다녀왔다. 한번은 큰딸이 유치원 큰 반일 때고 또 한 번은 초등학교 1학년 때이다. 그리고 2번 되풀이해서 간 놀이터가 있었다. 귄터가 사는 동네 가까운 곳에 그가 2009년에 설계한 놀이터이다. 슈로벤하우젠(SCHROBENHAUSEN)이라는 작은 도시의 옛 성벽에 인접한 놀이터였다. 만든 지 몇 년 된 놀이터라서 그런지 놀이기구를 구성하고 있는 참나무 빛깔은 안정되어 있었고 어디 하나 썩은 곳을 찾아보기도 힘들었다. 자연 상태에서 50~60년은 너끈히 버틸 수 있는 나무라고 했다.

이 놀이터는 2011년 여름 지었다. 그런데 이 놀이터 드로잉을 한 시기를 보면 날짜가 2009년 11월 16일로 되어 있다. 둘 사이에는 꽤 많은 시차가 있다. 이것은 생각해볼 일이다. 몇 달 안에 놀이터 설계와 시공을 마치는 한국 상황에서는 특히 그렇다. 물론 우리와 독일은 사회경제적으로 여러 가지 다른 결이 존재한다. 분명한 것은 너무 서둘러 한다는 것이다. 놀이터가 들어설 곳 가까이 사는 주민과 아이들의 생각도 귀담아들어야 하고 무엇보다도 놀이터를 디자인 또는 설계하는 사람이 생각을 익히는 시간이 필요하다.

그렇다면 귄터가 2009년에 그린 드로잉과 2년 뒤에 실제 완성된 놀이터는 같을까? 같을 수도 없고 같을 필요도 없다. 상당히 많은 것들을 덜어냈고 규모는 축소되었다. 예산이라는 것 안에서 작업하느라 그랬을 수도 있다. 그러나 초기 드로잉에 담겨 있는 성벽과 조화를 이루고 있던 놀이기구의 질감과 작은성(城)으로 자리 잡고자 했던 기본 뼈대는 흔들리지 않고 실현되었다. 귄터는 언젠가 그런 이야기를 했다. 놀이터 하나를 만드는 일은 끊임없는 타협과 대화와 조정의 과정이라고. 현장에서 아이와 주민을 만나고 듣고 그려내는 과정이 놀이터를 만들어가는 과정임을 다시 한 번 배운다. 내 마음대로 만드는 것이 놀이터 디자인이나 설계가 될 수 없다. 그러나 주민참여가 중요하다고 아이와 주민들 생각만을 놀이터 디자인에 반영하는 것도 위험한 일이다.

15) 반려견 놀이터

　독일 킬(Kiel) 지역에 2013년 디자인한 반려견 놀이터(Hundespielplatz)이다. 귄터는 반려견은 가족 구성원 가운데 하나라고 했다. 이렇게 반려견과 함께 사는 사람들을 위한 놀이터가 마땅히 필요하다. 실제로 귄터 내외는 '루시'라는 큰 개를 집 안팎에서 풀어놓고 지낸다. 도시 한가운데서 자유롭게 뛰어다니는 개들은 남들을 방해하고 성가시게 하므로 경계를 둔 개 놀이터를 설치하는 편이 좋다고 했다. 반려견 놀이터에서 만난 반려견들끼리뿐만 아니라 반려견을 사랑하는 사람들끼리도 친구가 될 수 있고 그런 반려견 놀이터는 사교와 만남의 장이 될 수도 있다는 말도 했다.

　놀이터를 너무 기능적으로 보려는 시각에 저항할 필요가 있다. 놀이터는 사회적 역할을 하는 곳이란 것을 잊으면 안 된다. 또 중요한 이야기를 했는데 공원 녹지대 같은 곳은 반려견을 완전히 출입 금지하지 말고 '목줄을 한' 개는 출입이 가능하게 하는 것이 좋다고 했다. 반려견 놀이터를 만들 때도 반려견과 함께하는 사람들끼리 함께 계획하고 만들고 관리하는 것이 최선이라고도 했다. 하물며 아이들 놀이터는 말해 무엇하겠는가.

16) 최근 놀이터

　다시 가기 어려울 줄 알았던 귄터의 집에 2015년 다시 다녀왔다. 놀이터에 관해 물을 수 있는 사람이 있어 나는 걱정이 없다. 그리고 얼마나 다행인지 모른다. 귄터는 곧 문을 열 최근에 만들어진 놀이터로 데려갔다. 2013년 8월에 드로잉한 놀이터였다. 이곳 또한 2년 시간이 걸려 완성한 놀이터였다. 조금의 변화를 느낄 수 있었다. 경사면에 있는 이 놀이터는 주택가와 인접해 있었다. 정말 흔한 동네놀이터였던 셈이다. 앞서 보았던 슈로벤하우젠 놀이터와는 달리 드로잉이 거의 실현되어 있었다.

　눈에 띄는 점은 놀다가 아이들이 쉬거나 이야기를 나눌 수 있는 쉼터를 둘 만들었다는 것이다. 놀이터는 아이들이 노는 장소이기도 하지만 아이들과 어른들이 머물고 만나는 장소이기도 하다는 귄터의 말이 떠올랐다. 한국에서도 더러 왜 놀이터에 쉼터를 만드는지 질문을 받곤 하는데 귄터의 말로 답을 하고 싶다.

"놀이터 설계에 쉼터가 포함되어 있지 않으면 모든 놀이기구가 쉼터로 쓰인다."

　지형을 이용해 자연스러운 흐름을 만들고 낮은 언덕을 두어 다른 놀이기구와 분리했다. 유아, 초등, 청소년들이 고루 놀 수 있는 놀이 요소를 갖추고 있는 것도 눈에 띄었다. 세대를 아우르는 놀이터라고 할까. 청소년이 놀 수 있는 놀이기구라면 성인도 문제없이 이용할 수 있다. 모든 세대를 아우르는 놀이터, 귄터가 만들고 싶었던 놀이터가 아닐까. 올해 75세인 귄터는 청춘이다. 오늘도 그는 놀이터에서 아이들을 오래도록 보고 놀이터를 꿈꾸고 놀이터를 그리고 놀이터를 만들기 때문이다. 아이와 함께 하는 사람은 늙지 않는다. 귄터를 통해 나는 그 세계를 보았다.

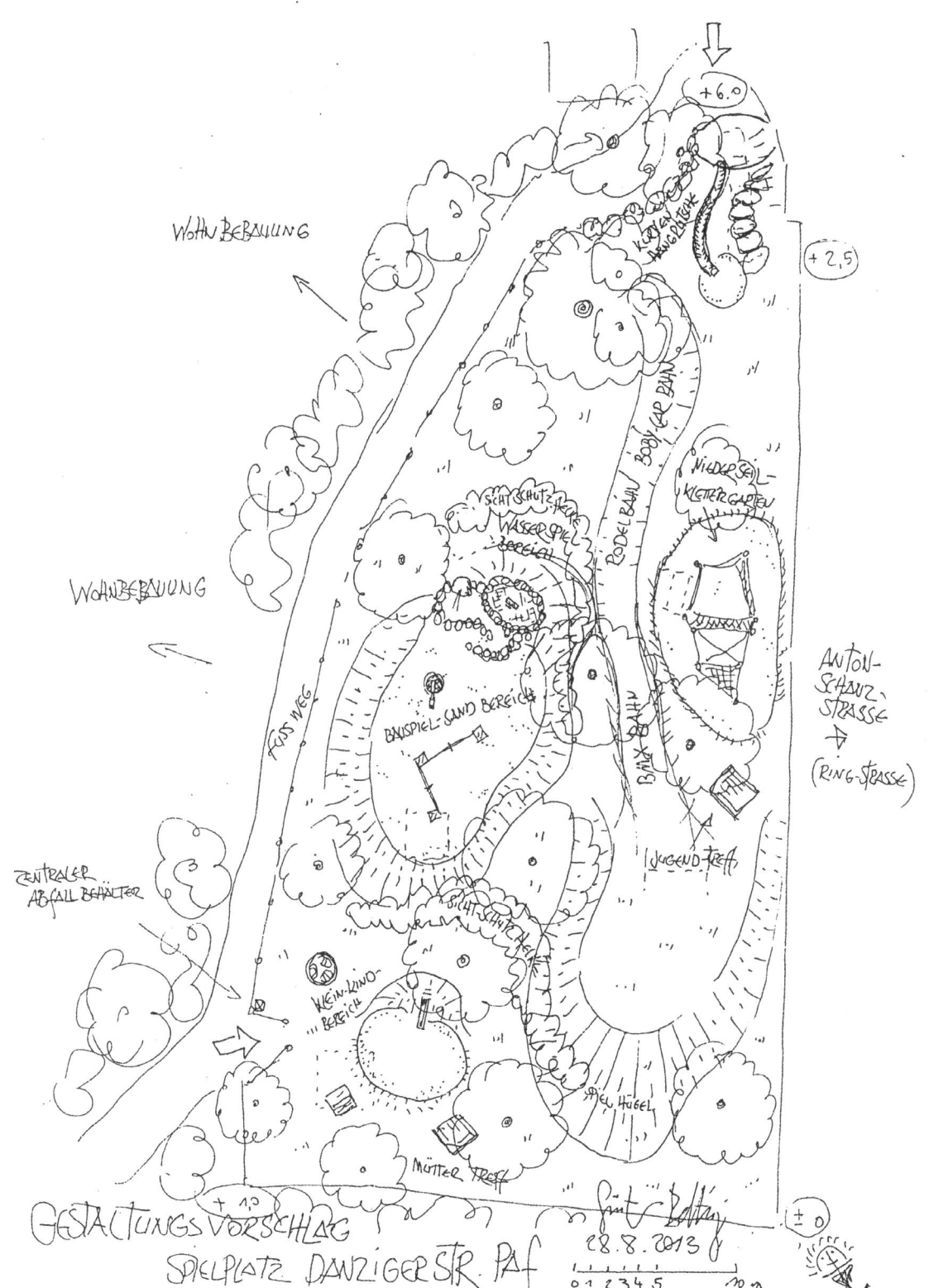

3. 놀이터 종합 계획

- 영국 안위크 가든(Alnwick Garden) 놀이터(2004) -

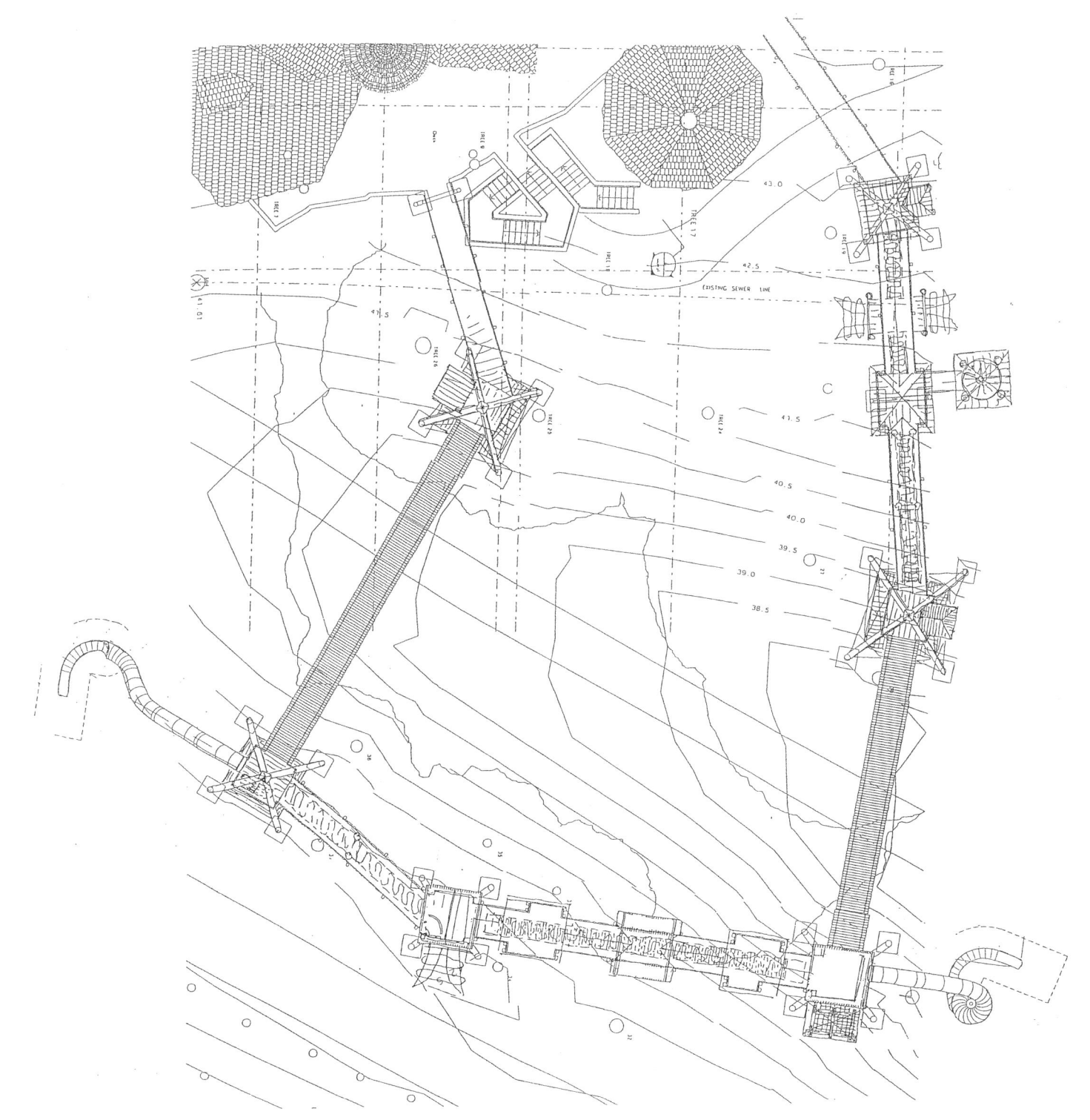

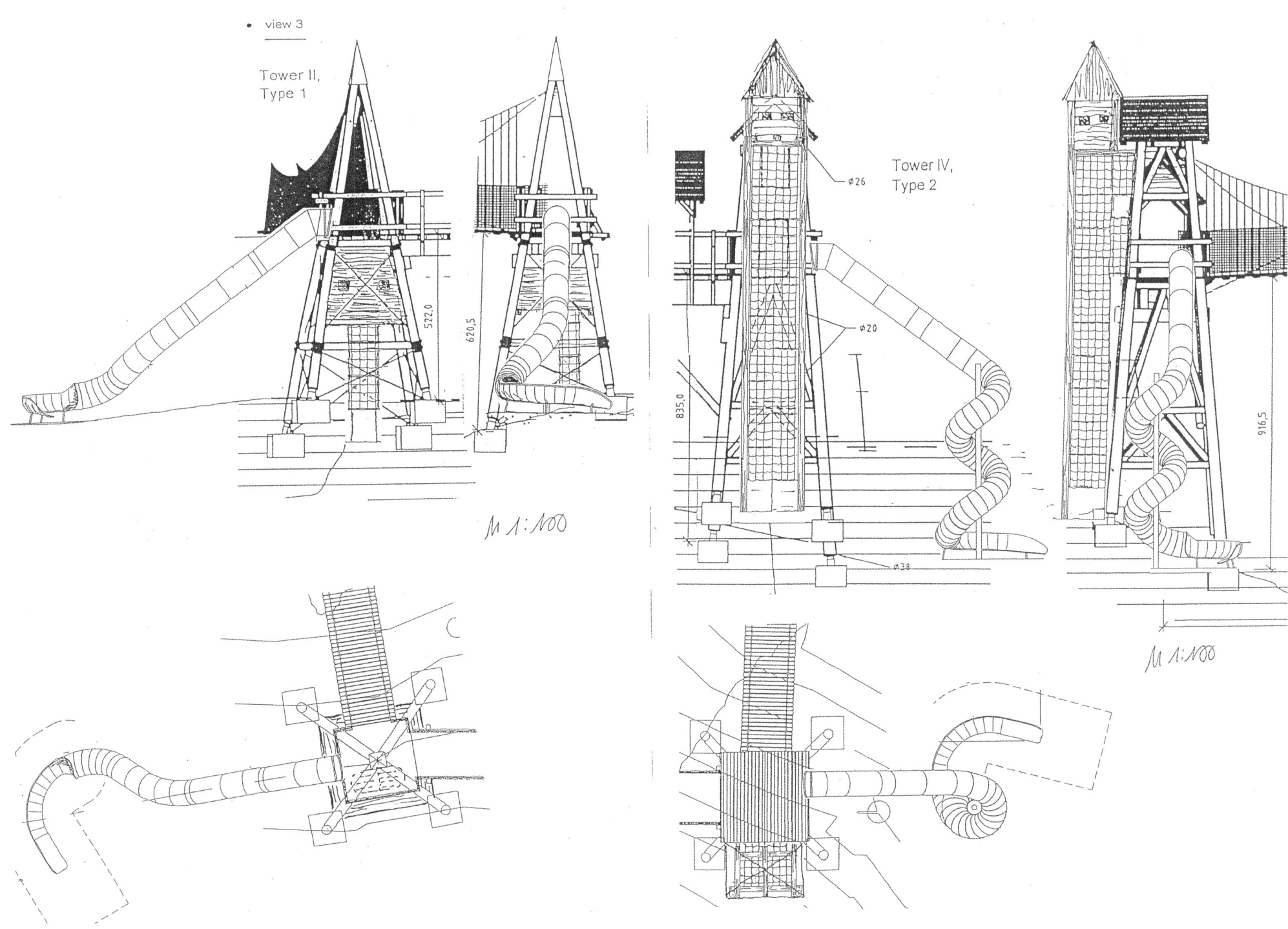

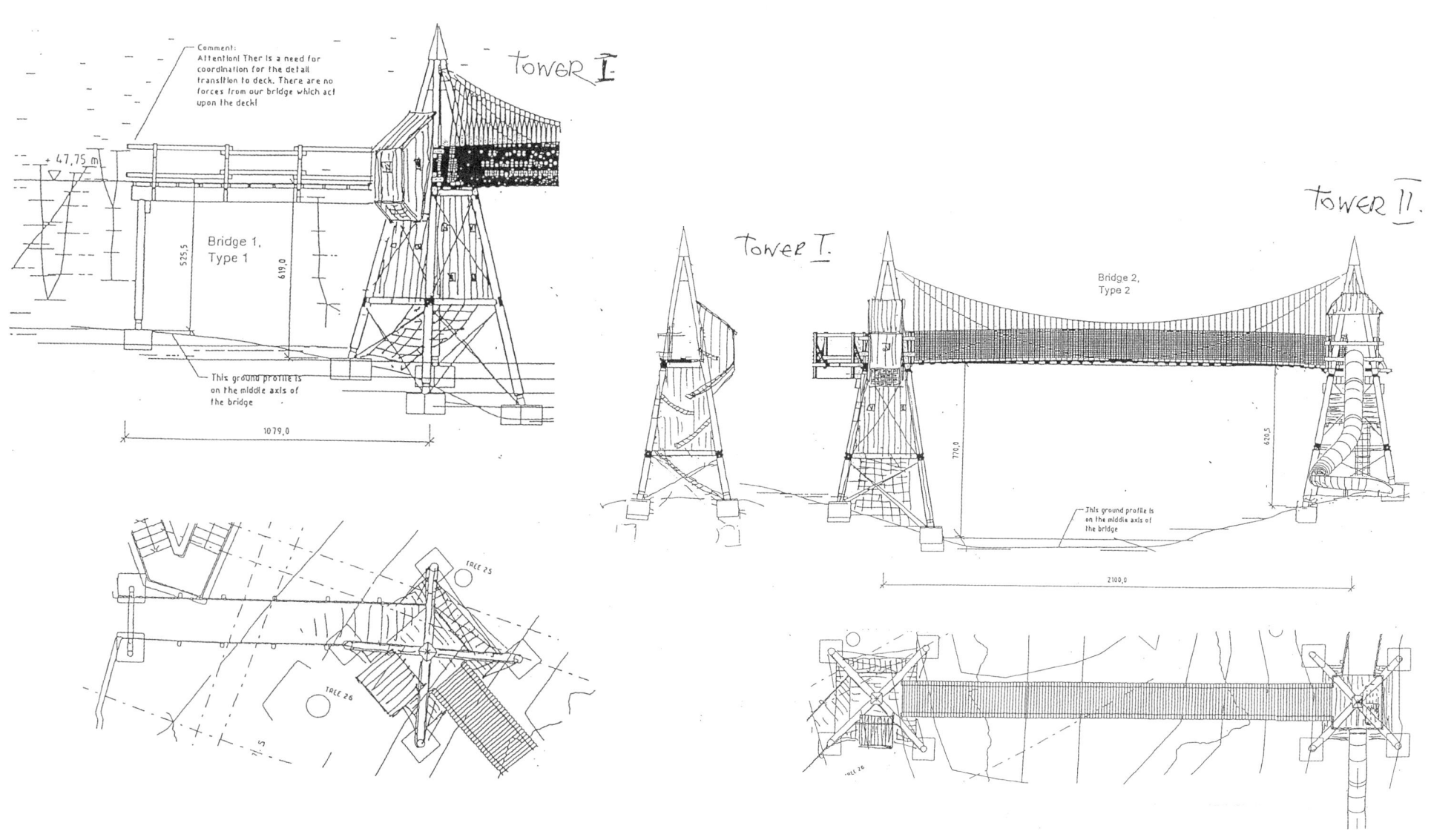

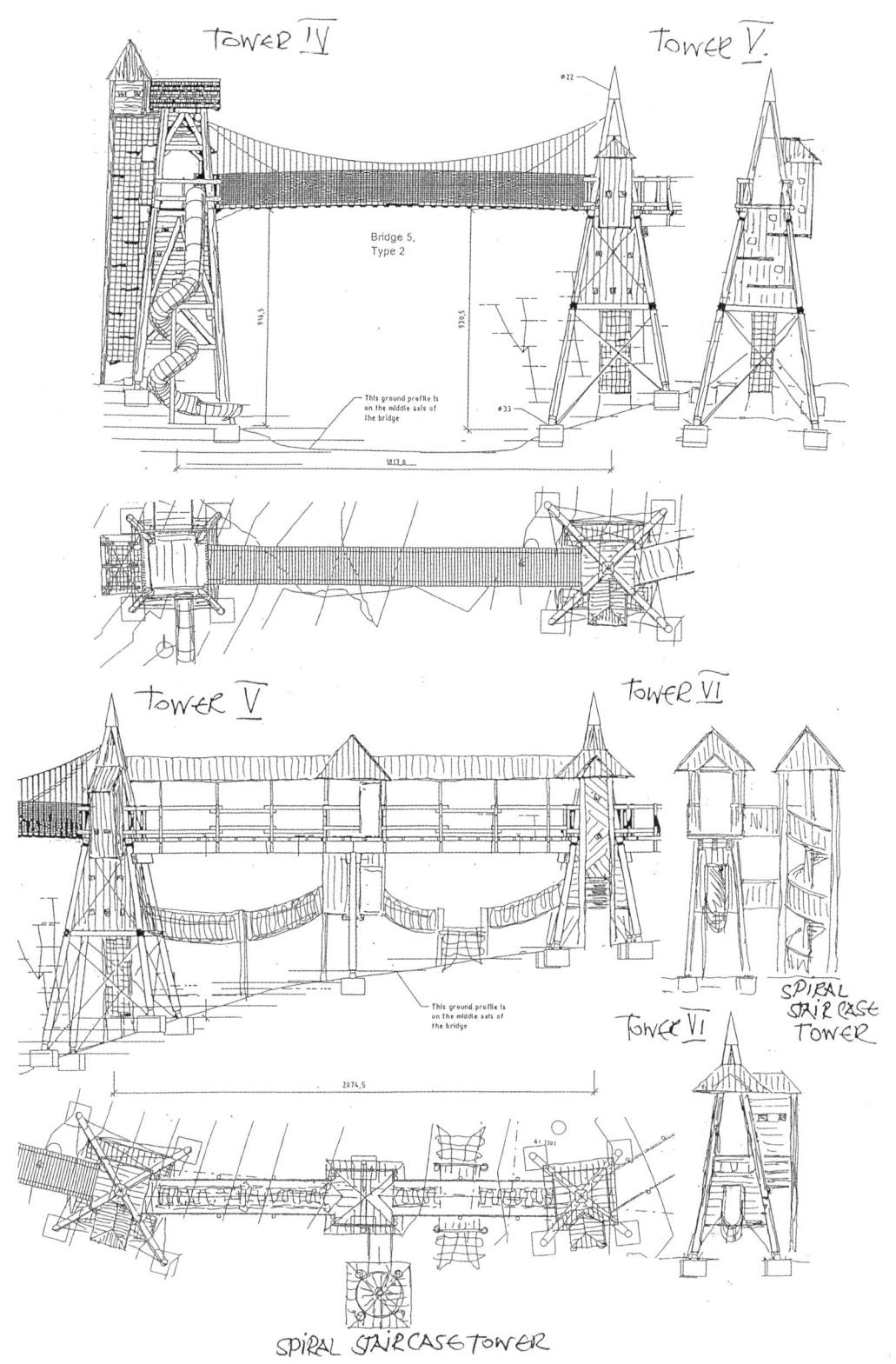

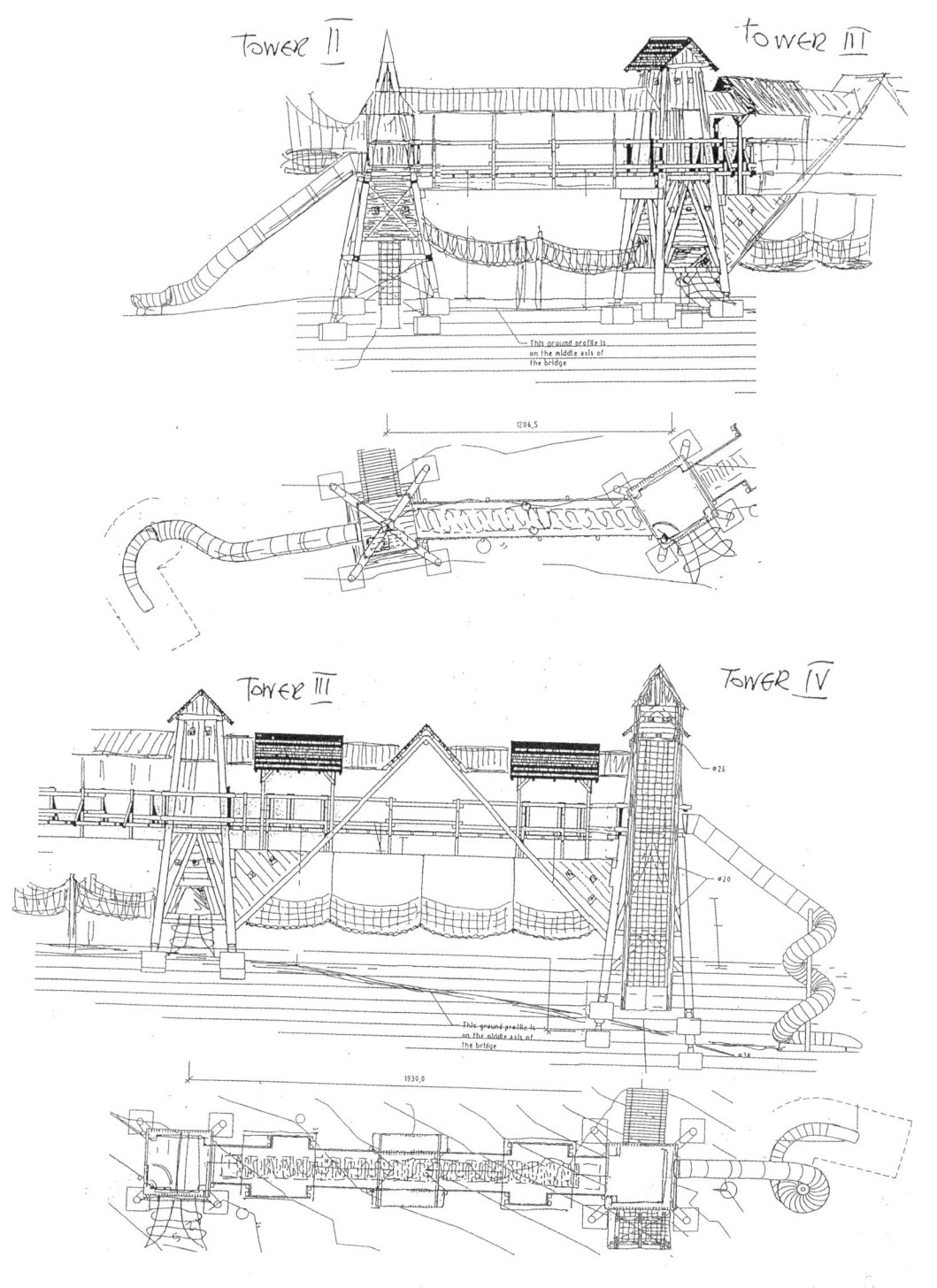

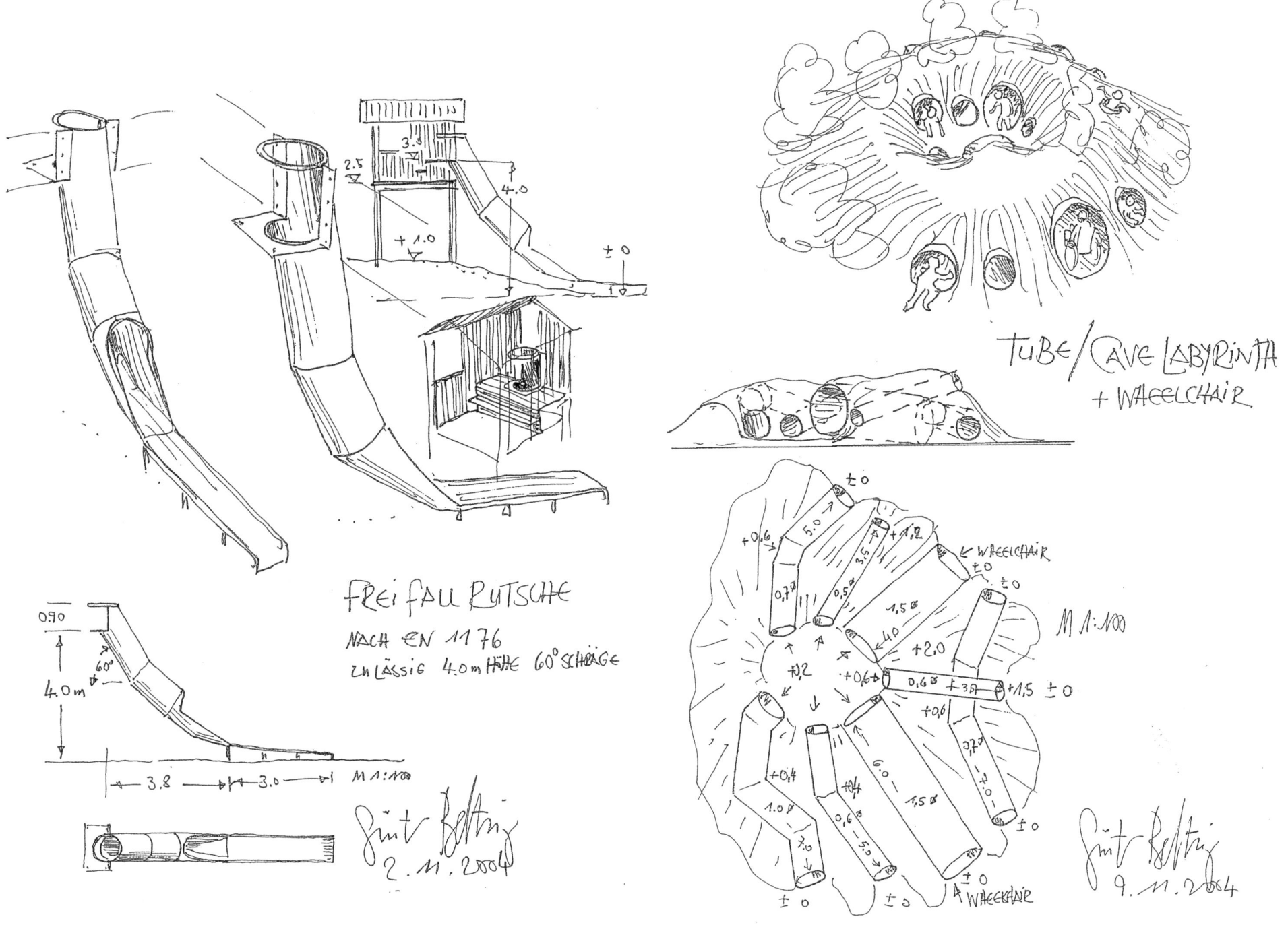

OKTOSKOP

WASSERPRISMA

GLASPRISMA

FERNROHR

ROHRENTELEFON

KLANGSCHEIBE

PARABOLSPIEGEL

SPIELAUSSTATTUNG
25.10.2004
S. Bettig

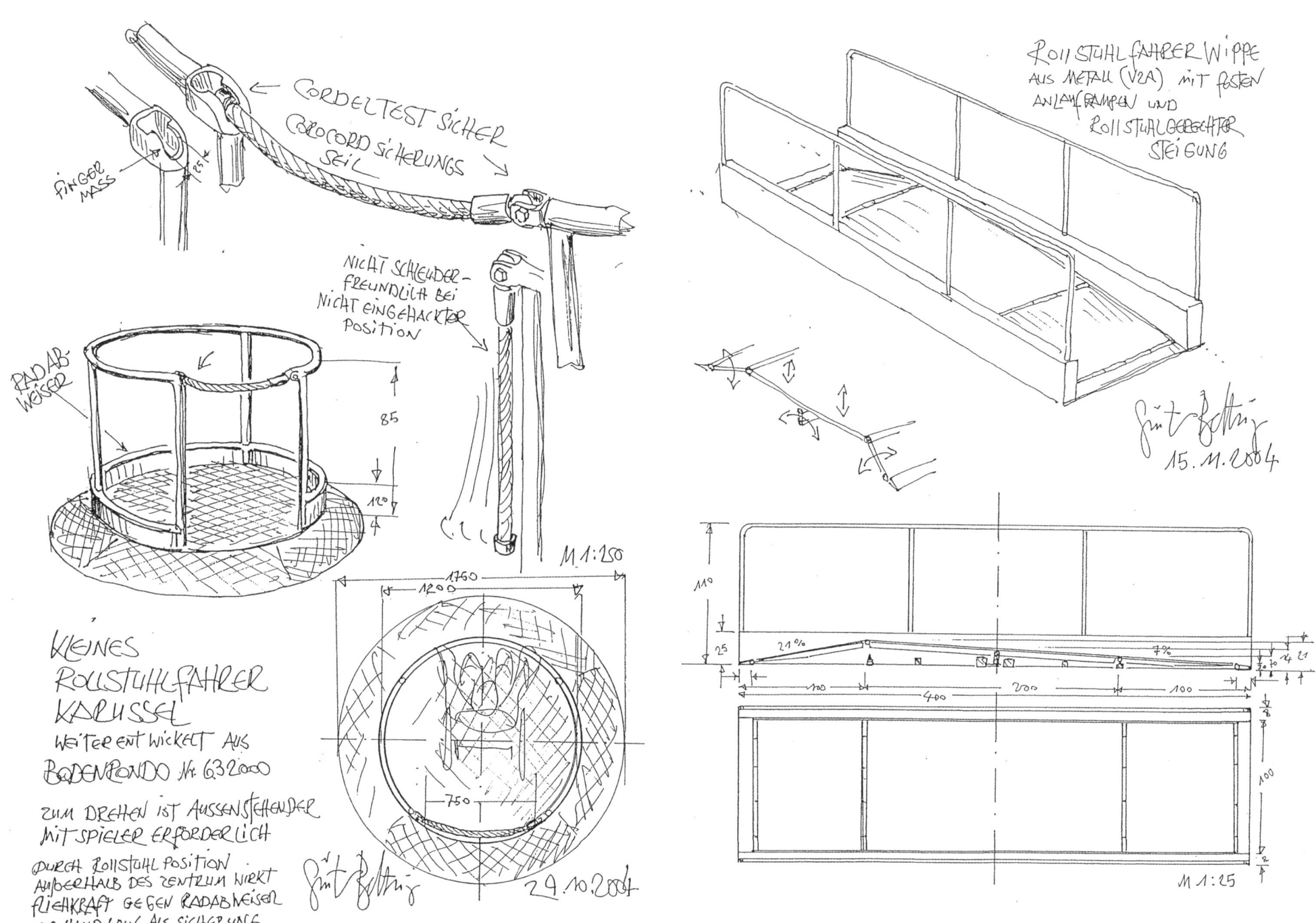

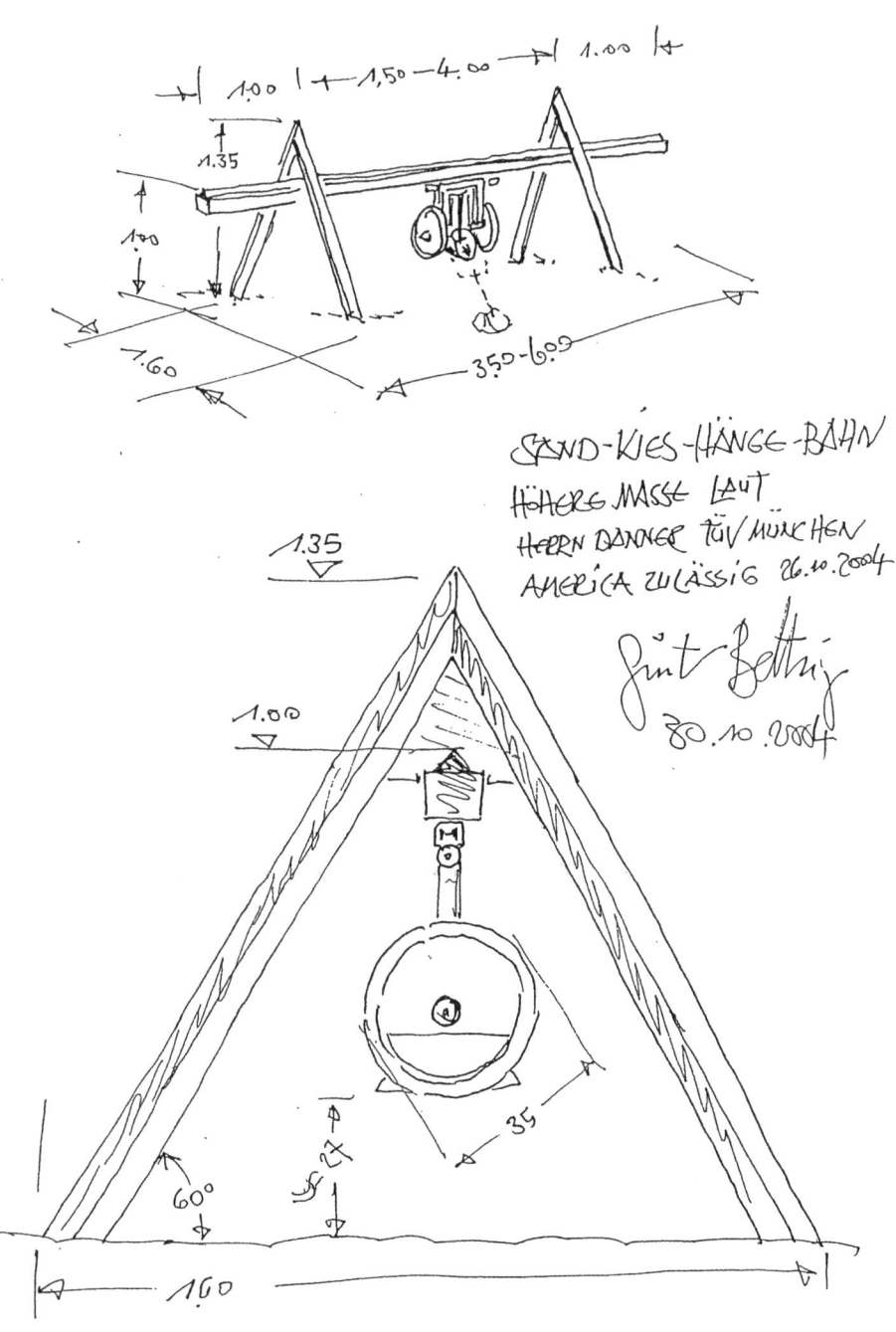

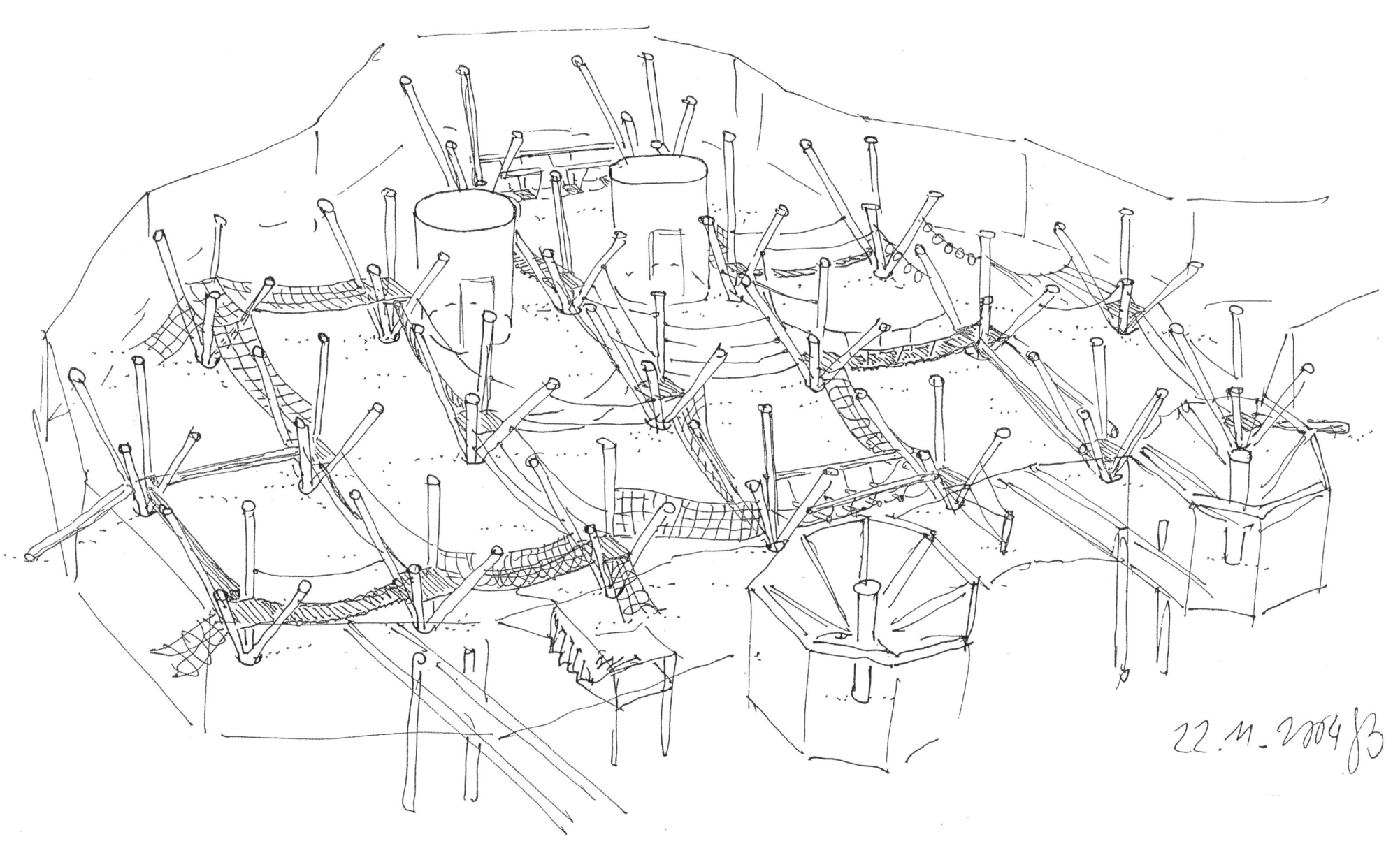

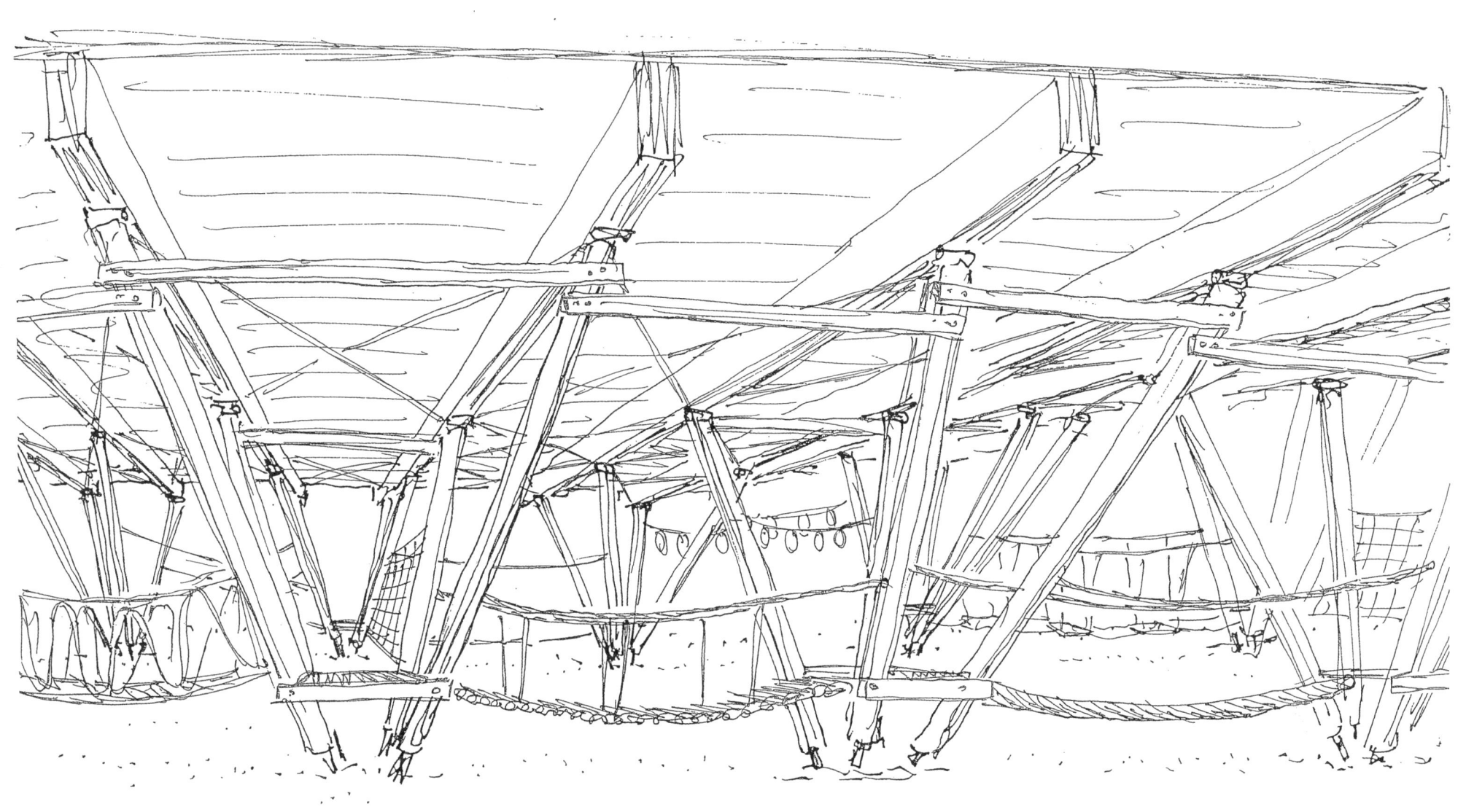

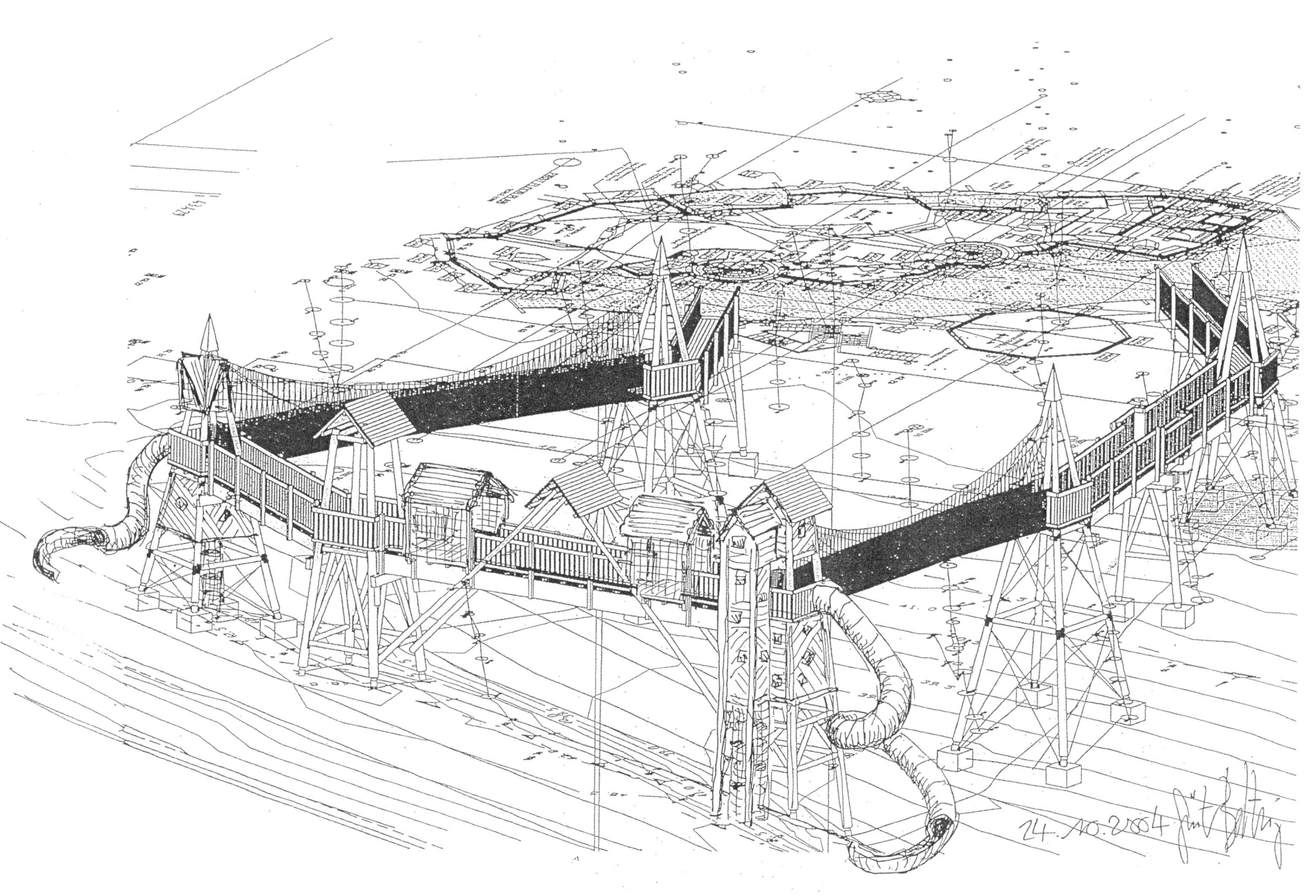

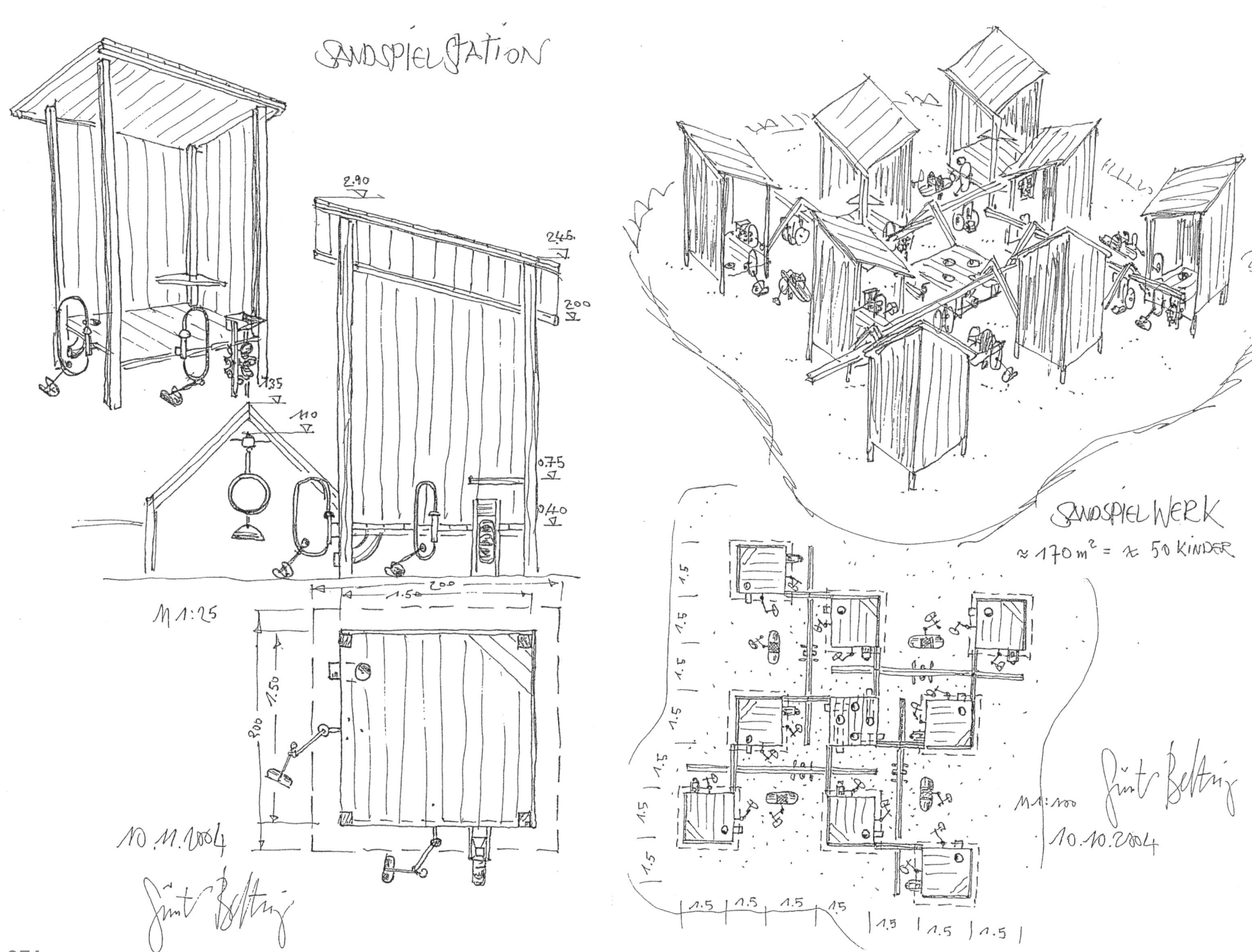

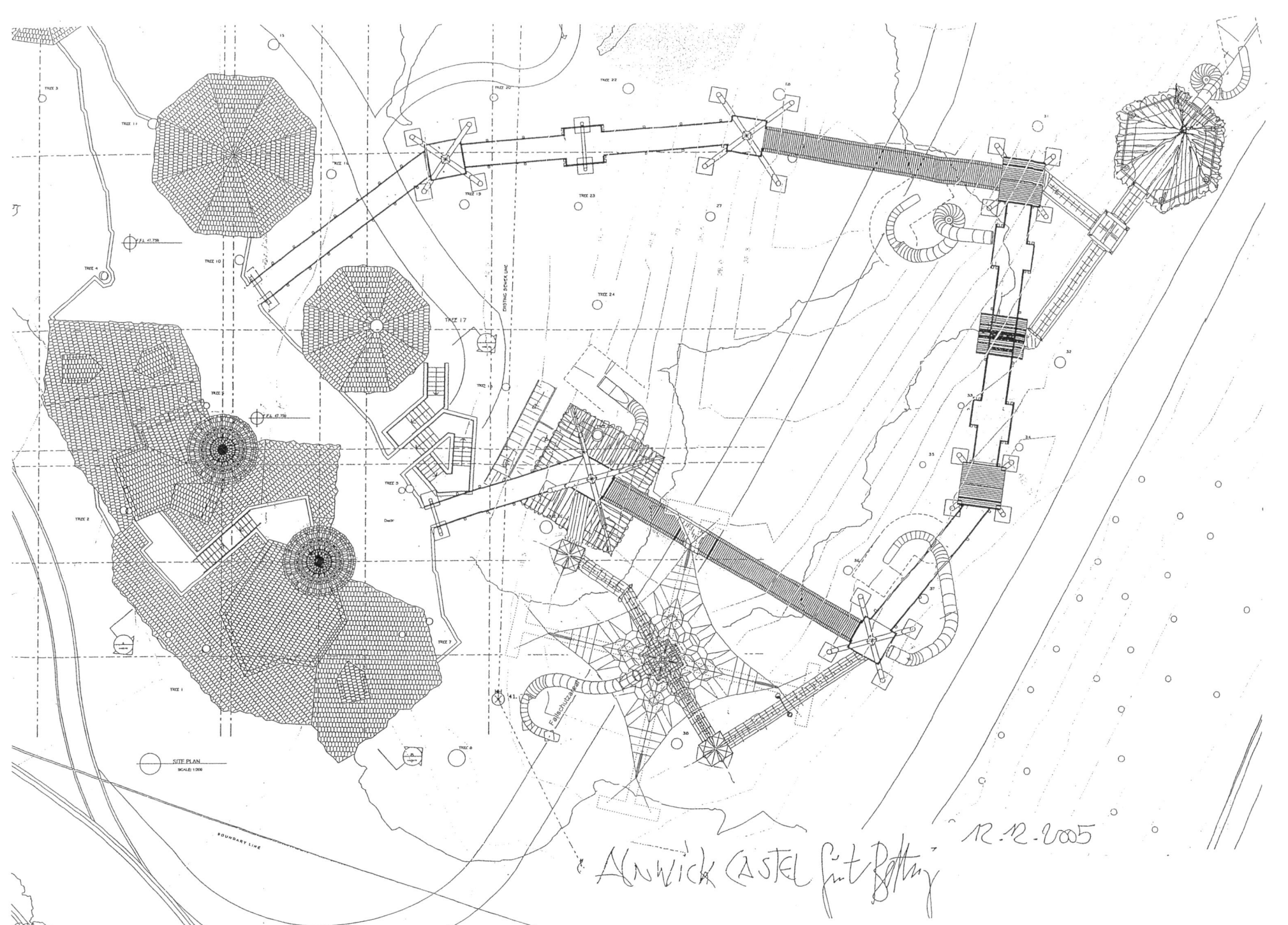

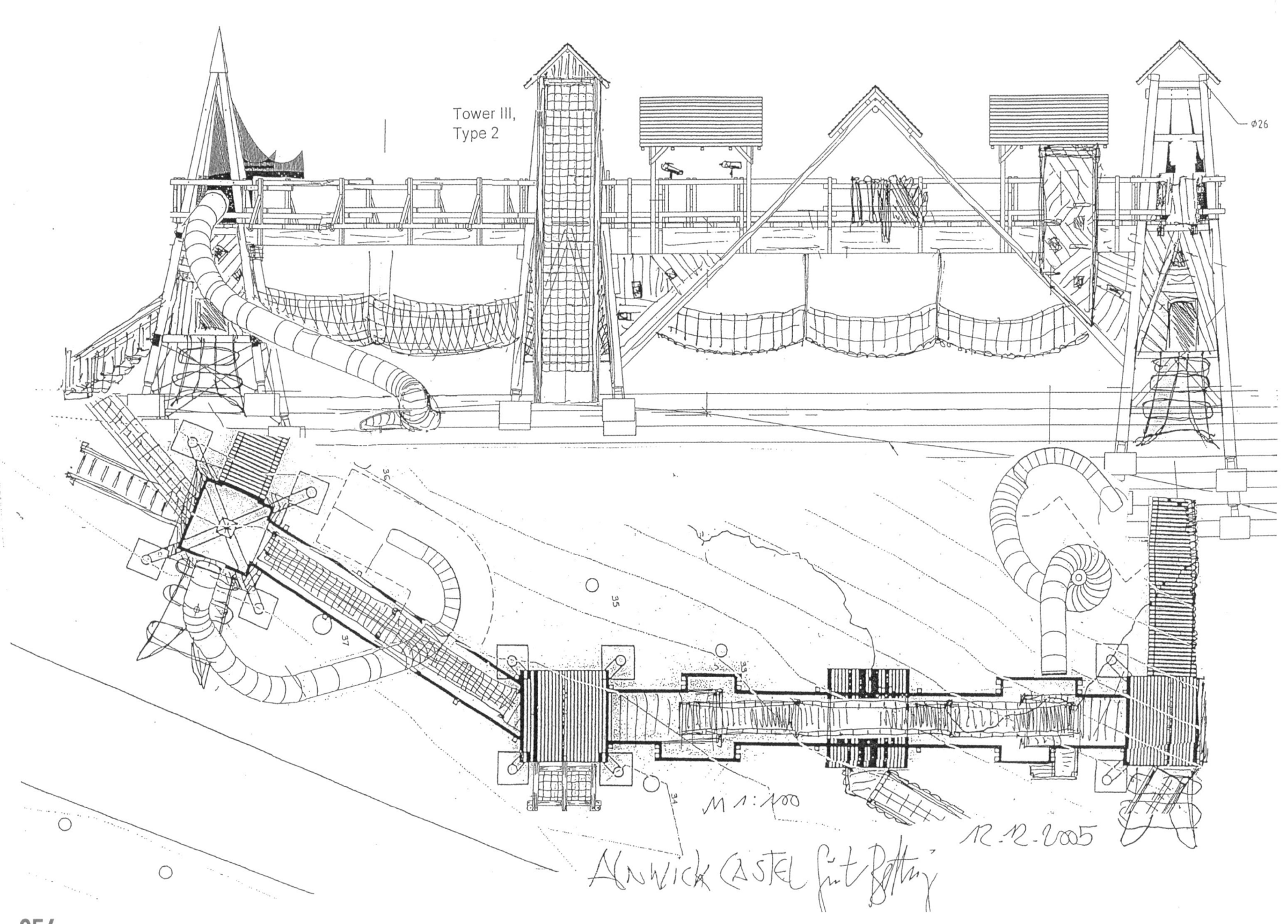

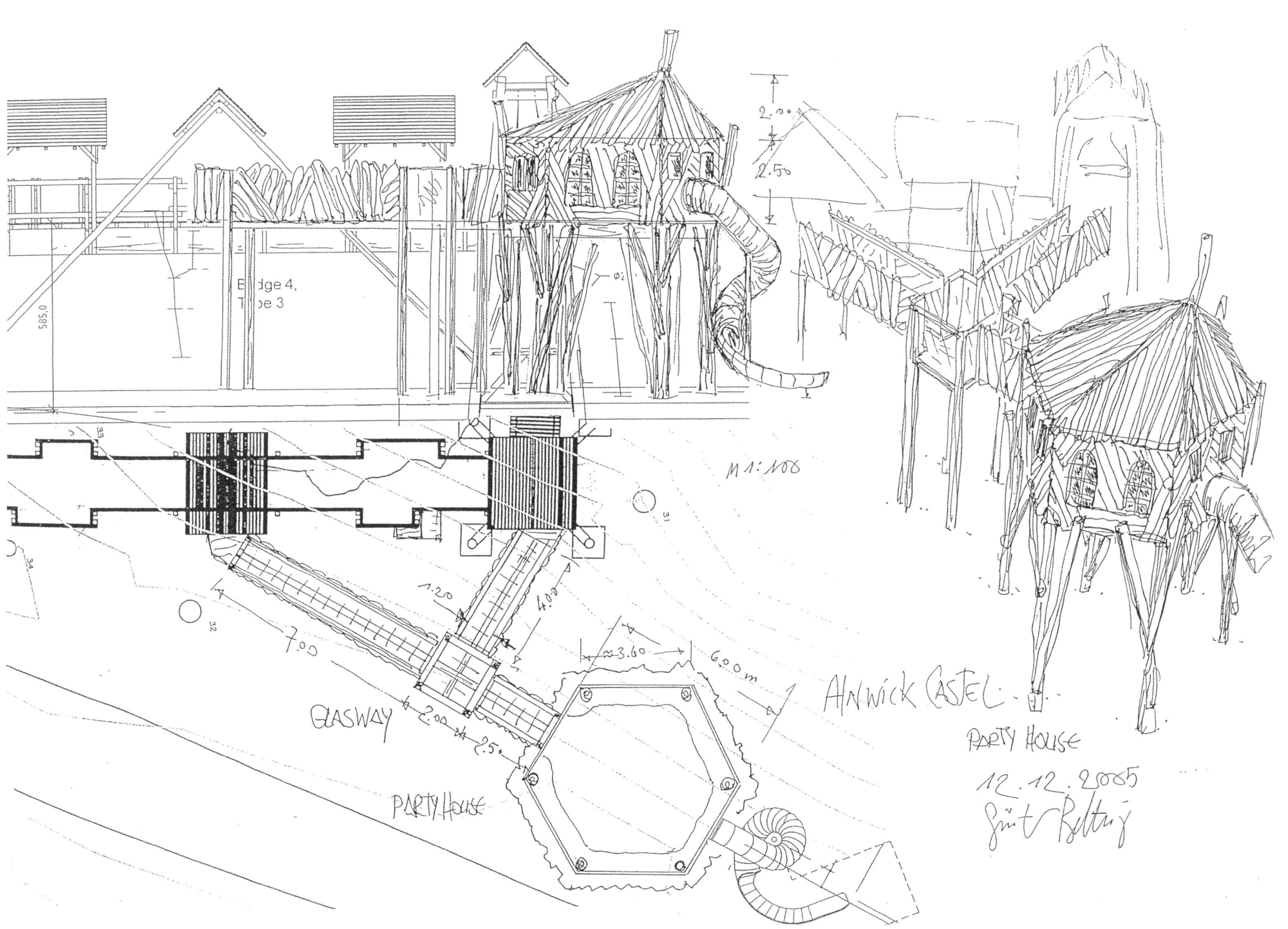

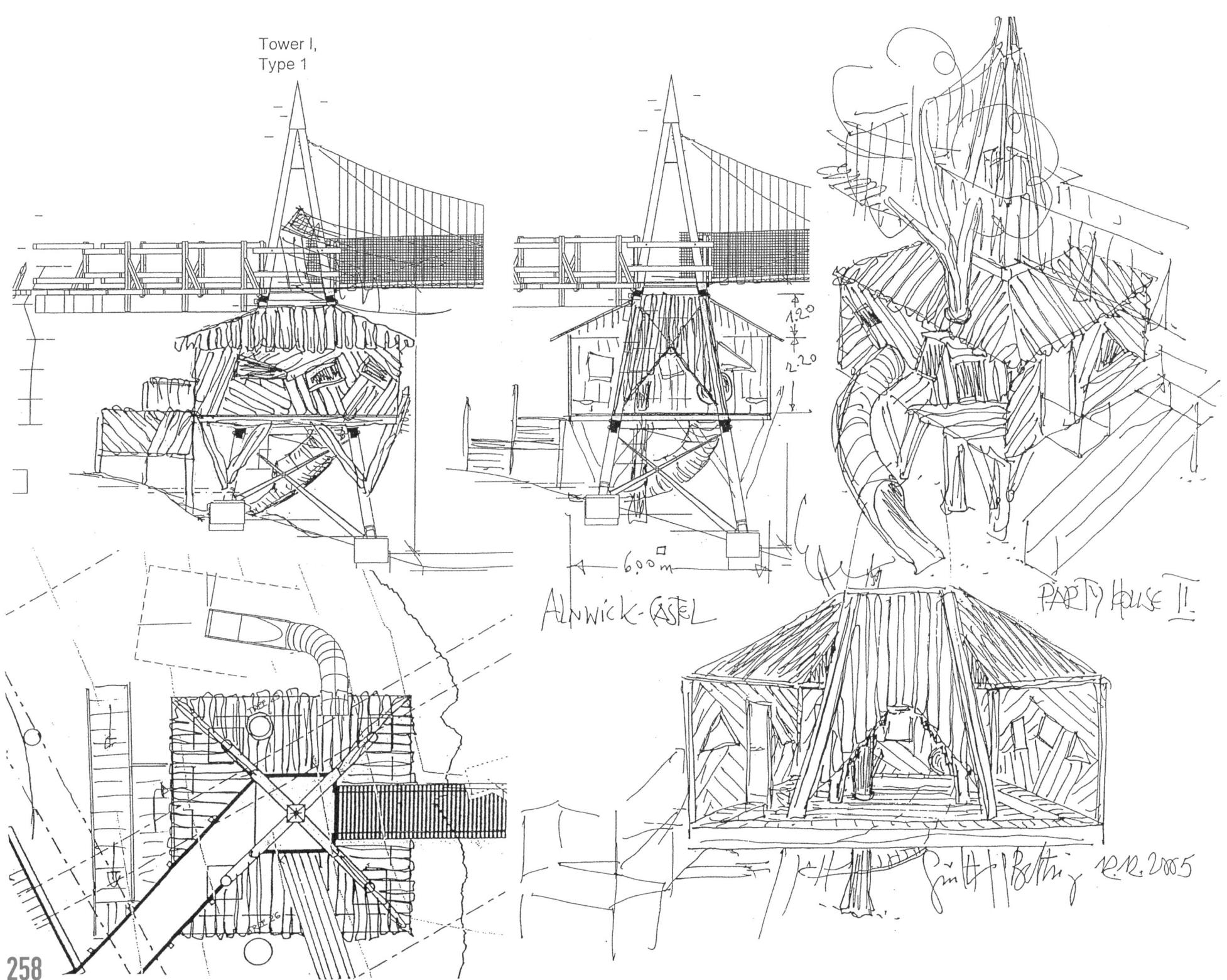

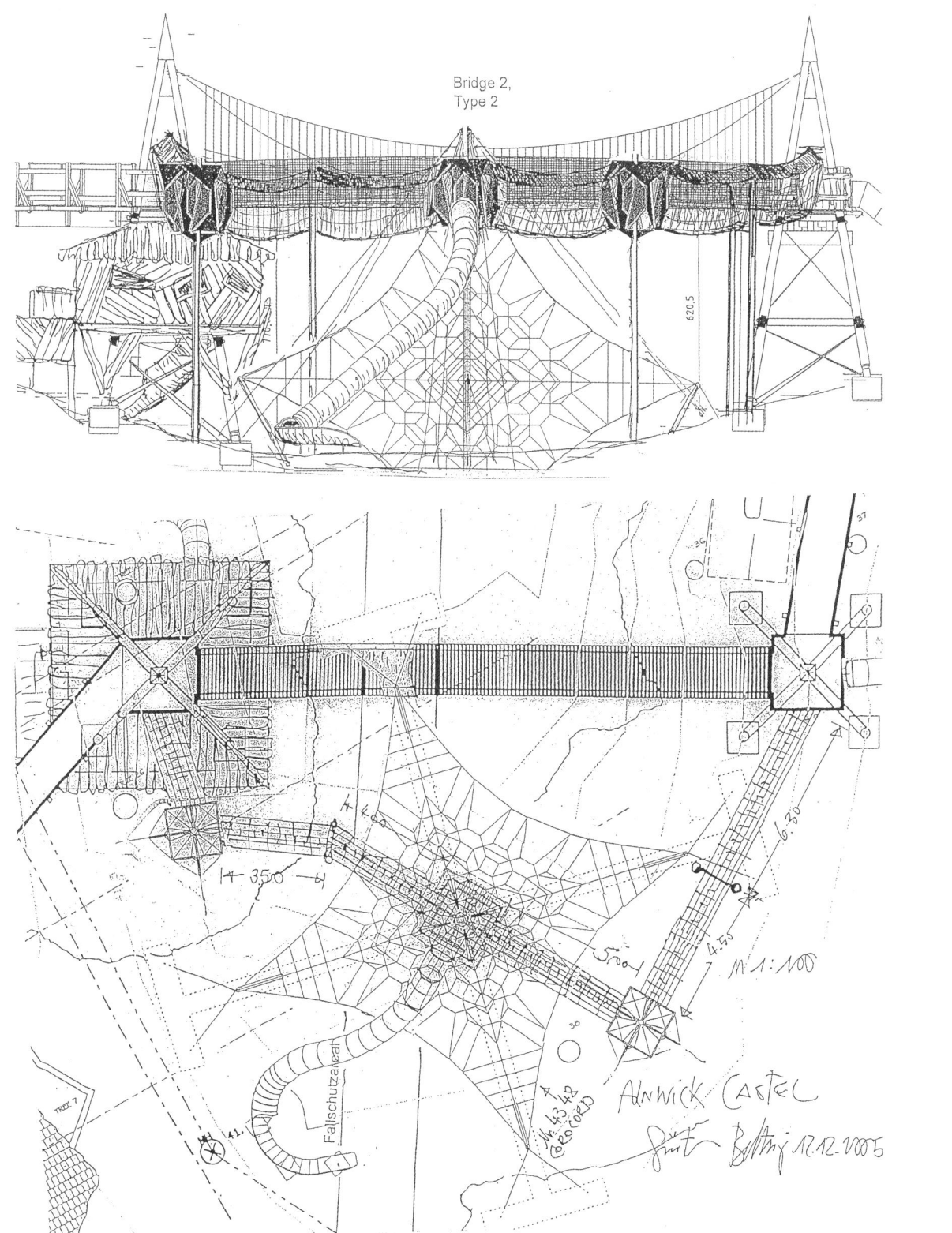

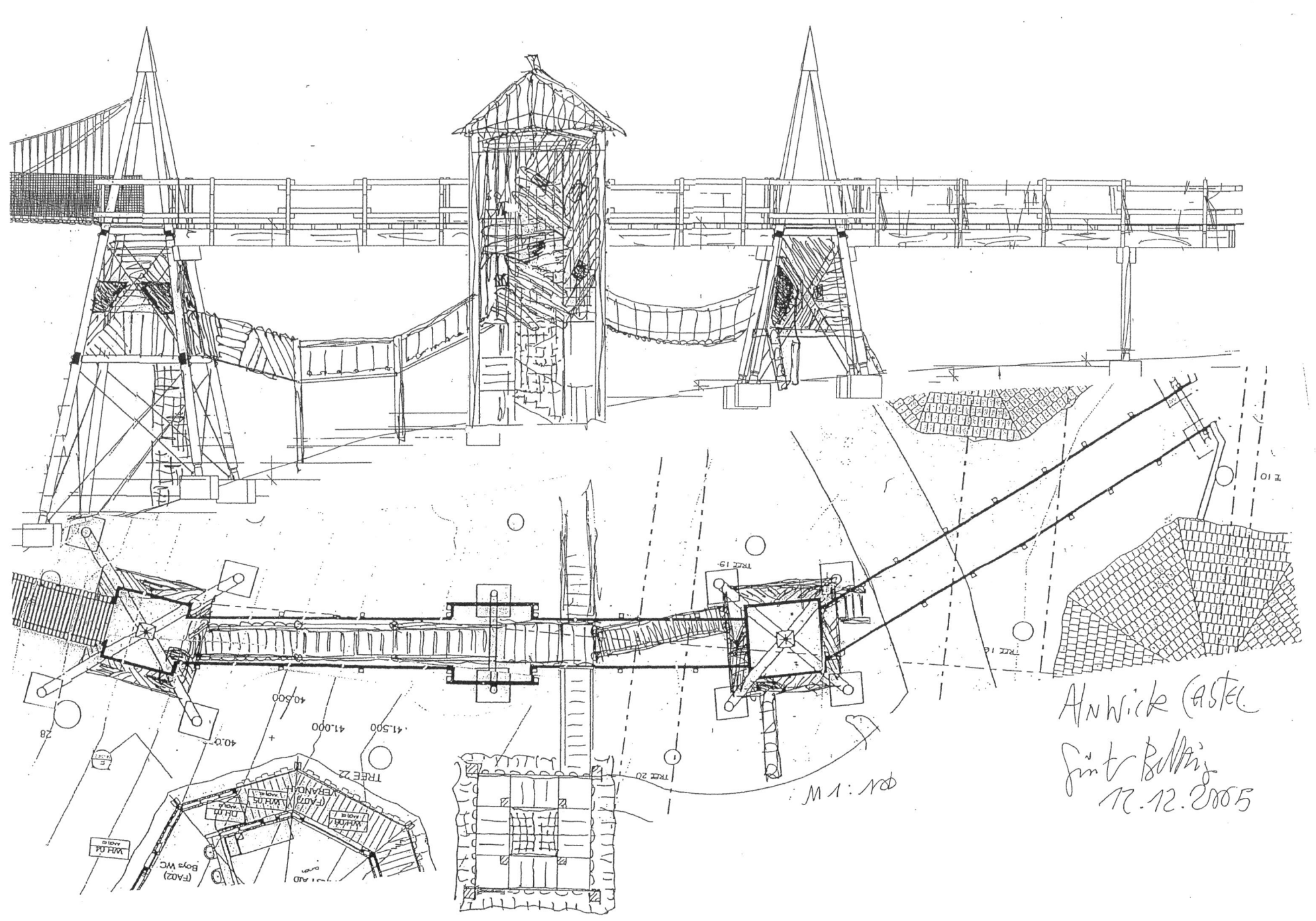

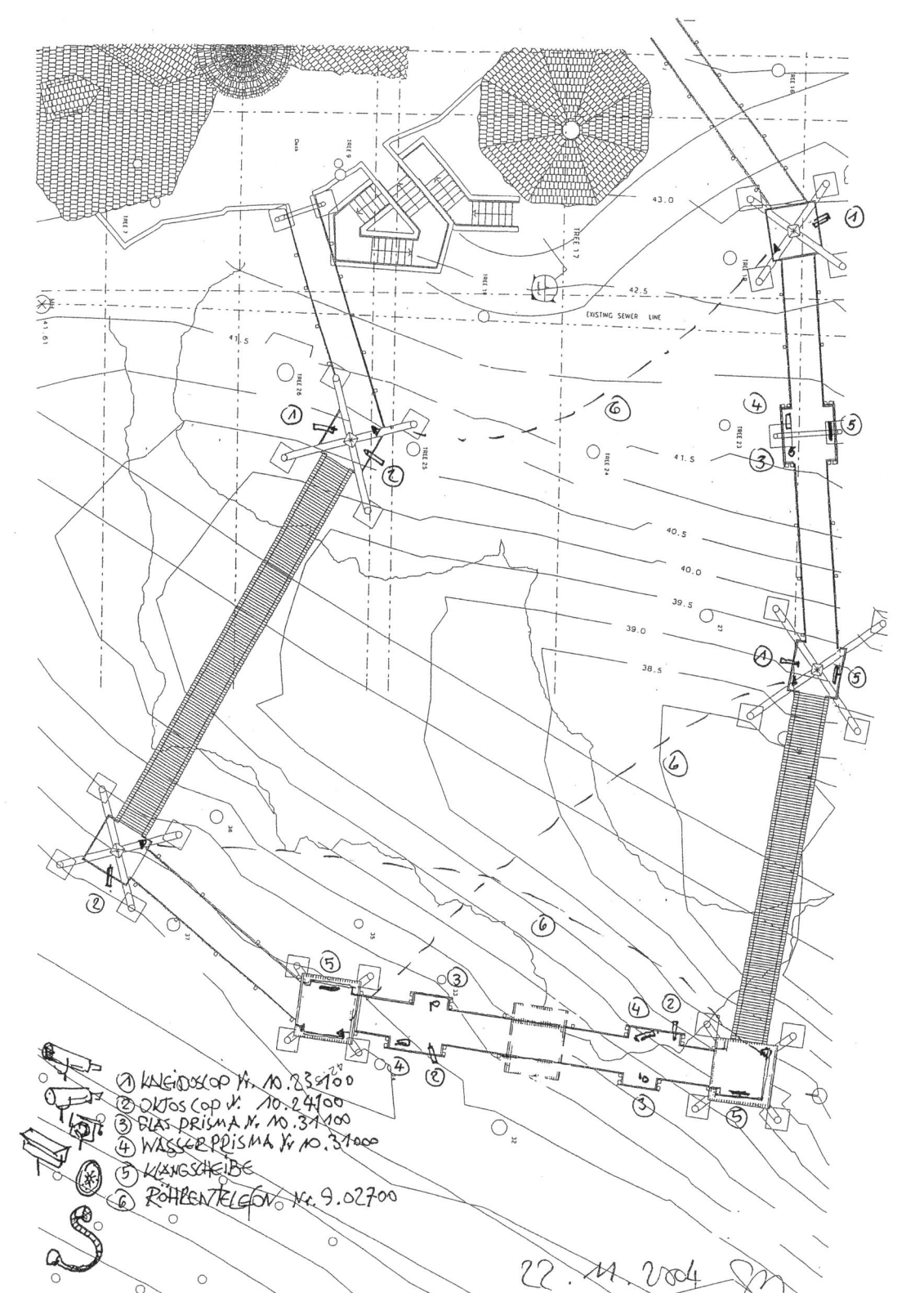

 맺는 말

한 사람을 통해 세상의 놀이터에 입문하다

편해문

아이들은 권터의 말처럼 어떤 상태이고 어떤 과정이고 어떤 변화이다. 내가 놀이터에 천착하는 까닭은 바로 놀이터가 이런 상태와 과정과 변화의 한복판에 있는 아이들의 가장 가까운 친구이기 때문이다. 아이들을 존중한다는 것은 아이들이 결정과 결과와 완성이 아님을 아는 일과 같다. 아이들은 마치 경유지와 같고 터미널에 머물러 있다고 볼 수 있다. 놀이터는 이런 아이들을 부르고 반기고 격려하며 아이들이 앞으로 살아갈 힘을 북돋는다.

아이들은 놀이터에서 놀면서 자신의 한계와 만나는 황홀한 순간을 맞이한다. 아이들은 놀이터에서 자신의 육체적·정신적·정서적 한계가 어디쯤인지 알아가고 확장해간다는 것을 나와 같은 놀이터 일을 하는 사람들과 나누고 싶다. 그 바탕 위에서 놀이터 디자인과 설계와 시공이 이루어져야 한다. 이런 까닭에 우리가 만든 놀이터에서 놀았던 아이들이 미래의 삶을 사는 데 이 놀이터가 어떤 쓸모가 있을 것인지 고민하지 않을 수 없다.

일반 독자도 보면 좋겠지만, 이 책은 놀이터에 관한 좀 더 본격적인 책이다. 실제 놀이터를 만드는 놀이터 건축주와 놀이터를 실제로 시공하는 실무자들에게 도움이 될 것이다. 이 책은 앞서 독일에 가서 권터에게 허락을 얻어 번역 출간한 『놀이터 생각』에서 한 걸음 더 나아가 놀이터를 좀더 구체적으로 살핀 책이라고 할 수 있다. 내가 기획한 권터의 놀이터 3부작 가운데 첫 번째 『놀이터 생각』이 생각보다 널리 알려지고 읽혀 보람을 느낀다. 그 뒤를 잇는 2부작 『권터가 꿈꾸는 놀이터 드로잉』 또한 아이들과 가까이 생활하는 교사나 부모가 그림책 보듯 편안하게 보면 더욱 좋을 책이라 생각한다. 아이들을 알고 이해하려면 그들의 놀이와 놀이터를 지나칠 수 없기 때문이다. 내 마음속 놀이터 스승에 대한 오마주와 헌사는 기약하기 힘들지만 권터의 마지막 3부작으로 정리될 것이다. 그날이 더디 오기를 바란다.

이 책은 아이와 놀이와 놀이터를 평생 고민한 한 사람을 그림으로 만난다. 이 책은 조금은 불편한 책이다. 왜 낱장 설명을 하지 않는지 그리고 모두 흑백인지 짧게 말한다면, 한 장 한 장 꼼꼼히 보고 그 속으로 걸어가 놀아보기를 바라기 때문이다. 흩어져 있었던 한 놀이터 디자이너가 그린 평생의 놀이터 드로잉을 감히 한 권의 책으로 냈으면 한다고 했을 때, 흔쾌히 그림은 자신이, 글은 내가 쓰라며 흩어진 그림을 여러 차례 모아준 권터의 담백함이 눈에 선하다. 권터의 첫 번째 책 『놀이터 생각』 작업을 할 때도 그랬지만 이 책 또한 놀이터를 가르치는 학교와 교사를 스스로 만든다는 생각으로 즐겁게 했다. 권터의 『놀이터 생각』이 나온 지 한 해 정도 지났지만, 놀이터를 새로 짓거나 고치려는 우리나라 곳곳에 끼친 영향을 놀이터 현장에서 몸으로 느낀다. 적어도 한국에서 놀이터 논의를 『놀이터 생각』 수준에서 시작할 수 있기 때문이다. 새롭게 펴내는 『권터가 꿈꾸는 놀이터 드로잉』은 더 밝은 영향을 끼칠 것이라 기대한다.

여기까지 다 읽는 독자에게 이 책의 제목이 왜 '권터가 꿈꾸는 놀이터 드로잉'인지 설명해야겠다. 권터가 애써 놀이터가 들어설 장소에 가서 드로잉을 완성했지만, 실제 만들어지지 못한 놀이터도 많았다. 그래서 권터는 내게 '꿈꾸는' 이라는 부탁을 했다. 놀이운동가를 시작으로 어린이 욕구에 적합한 놀이터 환경 만들기 모더레이터, 놀이터 디자이너, 놀이터 칼럼니스트, 등등의 일을 오가면서 권터가 꿈꾸었지만 만들지 못한 놀이터와 받아들여지지 못한 '놀이터 생각'을 긴 시간을 두고 조금씩 만들고 실천하려고 한다. 최근 순천시에 첫 번째 〈기적의놀이터〉를 어린이, 주민, 행정이 어울린 파트너십으로 완공했으니 오며 가며 들러주시라. 나는 여전히 play 보다 ground가 중요하다고 생각한다. 내가 하는 글쓰기와 놀이터 만들기 작업이 한국의 여기저기서 일고 있는 놀이터 논의에 ground가 되기를 바란다. 길면 20년 정도 이 일을 할 수 있을 것이다. 지금 놀이터를 오가며 만나는 사람을 그때도 볼 수 있기를 바란다. 놀이터를 바꾸는 일은 시간이 걸리는 일이다. 권터가 내게 늘 이야기하는 것처럼 끊임없는 접점을 찾는 지난한 과정임을 안다.

권터는 이 세상이 어른이 어른을 위해 만든 세상이라고 했다. 놀이터 또한 예외가 아니다. 지금보다 나은 세상을 원한다면 어른이 자신들을 위해 만든 세상을 바꾸는 일부터 시작해야 한다고 했다. 우리의 할 일은 아이들이 자신들의 삶과 성장에 알맞은 환경 속에서 자랄 수 있도록 힘쓰는 일이라고 했다. 아이들은 무능하거나 순응하지 않는다. 아이들이 만약 무능하거나 순응하는 것으로 보인다면 그것은 어른들의 집요한 다그침과 노력의 결과일 뿐이란다. 나아가 아이들이 쑥쑥 구김 없이 자랄 수 있는 환경은 어른들의 계획과 목표로는 도달할 수 없다는 것을 먼저 실토해야 한다고 했다. 이 망가진 세상에서 그 증거를 찾기는 어렵지 않다. 아이들 책임으로 돌리지 말고 아이들이 처한 현실 속 문제를 풀 열쇠를 아이들의 놀이와 놀이터 환경에서 찾아보자는 것이 권터의 놀이터 생각이다.

놀이터란 '아이답게 놀 수 있는 곳'이다. 그러나 압도적인 유사 놀이와 상업적 놀이터의 범람 속에서 놀이터가 이미 매우 복잡하게 왜곡되어 있다. 나는 다시 한 번 '아이답게'에 방점을 두고 싶다. 그 '아이답게'를 좀 더 풀어 말하자면 '아이다운 몸짓과 행동'이라고 할 수 있다. 아이들이 아이답게 행동하는 것에 제지나 금지나 체벌이 없을 때 몸과 마음의 균형을 잡는다. 놀이터가 이렇듯 아이들이 아이다운 몸짓과 행동을 하는 데 알맞게 만들어져 있다면 어른들은 아이들로부터 해방될 수 있으리라. 만약 어른들이 아이들 때문에 힘들다면, 아이들이 일상을 보내는 건물과 환경과 놀이터가 아이들의 몸과 몸짓과 욕구에 적합하지 않게 만들어져 있기 때문이다. 내가 '어린이 욕구에 적합한 놀이터 환경 만들기 모더레이터' 일을 하는 까닭이다.

권터와의 놀이터 여행이 즐거웠기를 바란다. 이 책을 만들기 위해 두 번 독일에 갔고 돌아와 권터로부터 두 번의 추가 놀이터 그림을 우편물로 받았다. 그 기억이 참 좋았다. 이 책이 출간되면 권터가 한번 한국에 다녀갈 것 같다. 다음은 기약하기 어렵다. 먼 길 오간 그림이고 내게는 권터와 나눈 우정의 산물이니 다시 한 번 일독을 바란다. 그리고 어린이집·유치원·학교에 달린 놀이터와 공공 놀이터를 조금씩 바꾸는 첫걸음을 디뎌보자. 이 책을 쓸 수 있도록 자료 번역과 번잡한 일을 꼼꼼히 해준 소나무출판사 식구들에게 감사드린다. 먼 길 함께 한 아내와 두 아이도 고맙다. 끝으로 권터와 이리 두 분의 건강을 빈다.

2016년 5월 밭을 갈며, 이하에서

놀이와 놀이터를 생각하는 소나무의 책들

▎놀이터, 위험해야 안전하다

안전만 강조하는 한국의 놀이터는 지루하다. 독일, 덴마크, 일본 등의 놀이터에서 보고 들은 다양한 이야기를 바탕으로 새로운 우리 놀이터의 변화를 제시한다.

편해문 글·사진 | 284쪽 | 28,000원

▎놀이터 생각

40년 동안 세계 곳곳에서 수천 개의 놀이터 프로젝트를 이끌어 온 세계적인 놀이터 디자이너 귄터 벨치히가 들려주는 놀이터 이야기이다.

귄터 벨치히 지음 | 엄양선·베버 남순 옮김 | 288쪽 | 14,000원

▎우리 이렇게 놀아요

아이들과 신나게 놀고 싶은 어른들을 위해, 놀이 현장을 생생하게 느낄 수 있도록 놀이 배경을 묘사하고 아이들과 실제로 주고받은 입말을 그대로 담았다.

편해문·놀래 지음 | 소복이 그림 | 224쪽 | 12,000원

▎아이들은 놀이가 밥이다

하루를 잘 논 아이는 짜증을 모르고, 10년을 잘 논 아이는 마음이 튼튼하다. 아이들은 '놀이밥'을 꼬박꼬박 먹어야 건강하게 자랄 수 있다.

편해문 지음 | 220쪽 | 10,000원

▎아이들은 놀기 위해 세상에 온다

놀이는 아이들의 세계를 열어 준다. 놀 틈과 놀 터를 빼앗겨 몸과 마음이 병든 아이들 모습 너머 놀이의 아름다움, 놀이의 힘이 무엇인지 보여준다.

편해문 글·사진 | 296쪽 | 12,500원